今すぐ使えるかんたん PLUS+

Excel
関数

日花 弘子 著

完全 コンプリート 大事典

技術評論社

本書の使い方

本書は、Excel関数の「引数」に焦点を当てた、今までにない関数解説書です。
Excel関数の解説書の多くは、関数の利用例（サンプル）を数多く掲載し、関数を活用する具体的な利用シーンを伝えています。関数の利用例には、次のメリットがあります。

❶ 仕事の現場ですぐに使える
自分の仕事に直結する例であれば、サンプルファイルを変更することなく、そのまま仕事に生かしていただけます。野球でいえば、いわゆる「ホームラン」の利用例です。

❷ どのようなことに使えるのか、具体的な利用シーンがわかる
自分の仕事にすぐに結びつかない場合でも、「こんな使い方があるのか」「この例を応用すれば、仕事が効率化できそうだ」といった発見ができます。野球でいえば、「ヒット」の利用例です。

ところが、ホームランやヒットばかりではないということが、利用例のデメリットです。「使えそうな気がするけれど、自分とは関連が薄くて、なんだかピンとこない」と感じてしまう例が少なくありません。
また、実際に使えそうだと感じて、いざ使おうとしても、自分が直面している課題と利用例には多少の差異がありますので、どこをどう変更して利用してよいのか、わからずじまいになる可能性があります。

この利用例のデメリットを解消するにはどうすればいいのか。結局のところ、関数をとことん理解するしかないという結論に至りました。そこで、本書は、利用例も紹介していますが、関数の本質的な理解を深めることを目標に、関数に指定する引数に重点を置くことにしました。これまでの解説書では、どちらかというと軽く扱われてきた部分です。本書の特徴は、次のとおりです。

❶ 引数1つ1つを分解し、それぞれを画面例や図解を使ってわかりやすく解説しています。

❷ 引数に指定する値によって関数がどんな動作をするのか解説しています。指定する値は1つではなく、さまざまな値を入力して関数の動作を確認しています。

❸ 関数や数式についての素朴な疑問をQ&A形式にして解説しています。

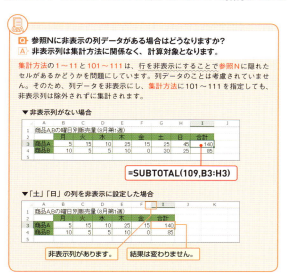

❹ 成功例ばかりではなく、現場でよく発生するエラー例を示すことで、関数への理解がより深まる工夫をしています。

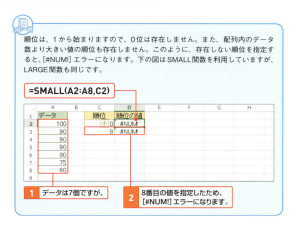

❺ 代表的な利用例を掲載しています。具体的な利用シーンの紹介という従来の意味もありますが、引数の使い方を見たあとで、利用例、または、「解説」欄の例をご覧いただくことで、なぜこのセルを指定するのか、なぜこの値を指定するのかといった本質的な関数の使い方が見えるようになります。

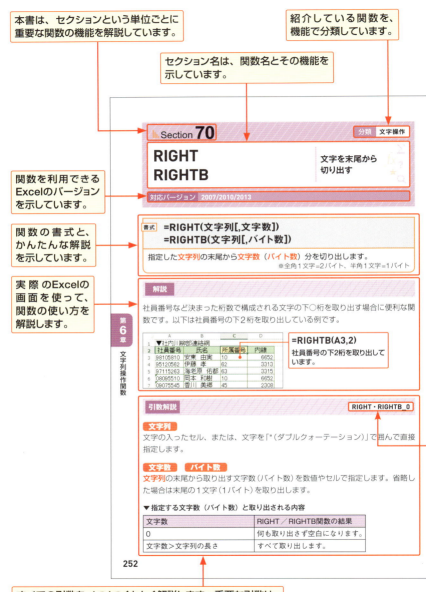

重要な用語やよく起こるエラーの解説、よくあるQ&Aなどを、実例を交えてくわしく解説します。

重要な用語や関数、機能を掘り下げて解説

よく発生するエラーとその解決方法を解説

関数や数式についての素朴な疑問を解説

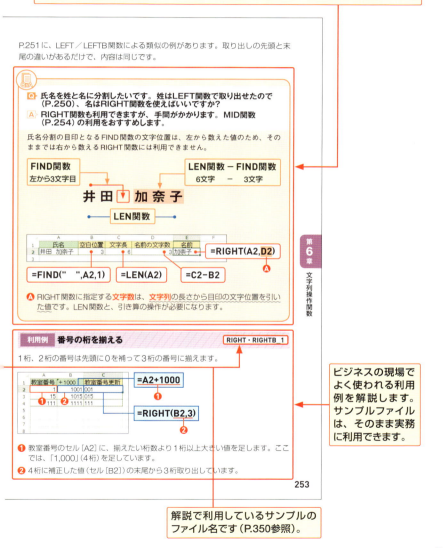

ビジネスの現場でよく使われる利用例を解説します。サンプルファイルは、そのまま実務に利用できます。

解説で利用しているサンプルのファイル名です（P.350参照）。

目次

本書の使い方 ……………………………………………………………………………… 2
目的別索引 ………………………………………………………………………………… 12

第1章 数学／三角関数

Section 01 SUM 数値の合計を求める ……………………………………………………… 20
Section 02 SUMIF 1つの条件を付けて数値を合計する …………………………………… 28
Section 03 SUMIFS 複数の条件を付けて数値を合計する ………………………………… 36
Section 04 SUMPRODUCT① 数値同士を掛けて合計する ……………………………… 40
Section 05 SUMPRODUCT② 条件に合う数値を合計する ……………………………… 42
Section 06 SUBTOTAL 11種類の集計を行う ……………………………………………… 46
Section 07 AGGREGATE① 19種類の集計を行う① ……………………………………… 52
Section 08 AGGREGATE② 19種類の集計を行う② ……………………………………… 56
Section 09 PRODUCT 数値を掛け算する …………………………………………………… 58
Section 10 QUOTIENT／MOD 割り算の整数商と余りを求める ……………………… 60
Section 11 INT／TRUNC① 小数点以下を切り捨てて整数にする …………………… 64
Section 12 ROUNDDOWN／TRUNC② 数値を指定した桁数に切り捨てる ………… 68
Section 13 ROUND／ROUNDUP 数値を指定した桁数に四捨五入・切り上げる ……… 70
Section 14 CEILING／FLOOR 数値を指定した基準値に切り上げ・切り捨てる① …… 72
Section 15 CEILING.PRECISE／FLOOR.PRECISE
　　　　　　数値を指定した基準値に切り上げ・切り捨てる② ………………………… 78
Section 16 CEILING.MATH／FLOOR.MATH
　　　　　　数値を指定した基準値に切り上げ・切り捨てる③ ………………………… 78
Section 17 MROUND 数値を指定した基準値に切り上げ・切り捨てる④ ……………… 83

第2章 統計関数

- Section 18 **COUNT／COUNTA** 指定したデータの個数を求める ······ 86
- Section 19 **COUNTBLANK** 空白セルの個数を求める ······ 90
- Section 20 **COUNTIF** 1つの条件に合うデータ数を求める ······ 92
- Section 21 **COUNTIFS** 複数の条件に合うデータ数を求める ······ 96
- Section 22 **AVERAGE／AVERAGEA** 数値の平均を求める ······ 98
- Section 23 **AVERAGEIF** 1つの条件に合う数値の平均を求める ······ 102
- Section 24 **AVERAGEIFS** 複数の条件に合う数値の平均を求める ······ 106
- Section 25 **MEDIAN** データの中央値を求める ······ 110
- Section 26 **MODE.SNGL（MODE）** データの最頻値を求める ······ 112
- Section 27 **MODE.MULT** データ内の複数の最頻値を求める ······ 114
- Section 28 **MAX／MAXA** データの最大値を求める ······ 118
- Section 29 **MIN／MINA** データの最小値を求める ······ 120
- Section 30 **QUARTILE.INC（QUARTILE）** データの四分位数を求める ······ 124
- Section 31 **PERCENTILE.INC（PERCENTILE）** データの百分位数を求める ······ 128
- Section 32 **PERCENTRANK.INC（PERCENTRANK）**
  データの位置を百分率で求める ······ 132
- Section 33 **FREQUENCY** データの度数を求める ······ 136
- Section 34 **VAR.S（VAR）／VARA** データの分散を求める ······ 140
- Section 35 **STDEV.S（STDEV）／STDEVA** データの標準偏差を求める ······ 144
- Section 36 **LARGE／SMALL** 順位に該当する数値を求める ······ 148
- Section 37 **RANK.EQ（RANK）** データの順位を求める ······ 152

目次

第3章 データベース関数

- Section 38 データベース関数の使い方 …… 156
- Section 39 DSUM 条件に合うデータの合計を求める …… 164
- Section 40 DCOUNTA／DCOUNT 条件に合うセルの個数を求める …… 166
- Section 41 DAVERAGE 条件に合う数値の平均を求める …… 168
- Section 42 DMAX／DMIN 条件に合う数値の最大・最小を求める …… 170
- Section 43 DGET 条件に合う唯一の値を取得する …… 172
- Section 44 その他のデータベース関数 …… 176

第4章 日付／時刻関数

- Section 45 日付と時刻の計算方法 …… 180
- Section 46 TODAY／NOW 現在の日付と時刻を求める …… 184
- Section 47 YEAR／MONTH／DAY 日付から年月日の数値を取り出す …… 186
- Section 48 DATE 年月日の数値から日付データを作成する …… 188
- Section 49 EDATE／EOMONTH 指定した月数後の同日や月末日を求める …… 190
- Section 50 WORKDAY ○○営業日後の日付を求める① …… 192
- Section 51 WORKDAY.INTL ○○営業日後の日付を求める② …… 194
- Section 52 NETWORKDAYS 指定した期間の営業日数を求める① …… 196
- Section 53 NETWORKDAYS.INTL 指定した期間の営業日数を求める② …… 198
- Section 54 DATEDIF 日付の期間を求める …… 200
- Section 55 HOUR／MINUTE／SECOND 時刻から時分秒の数値を取り出す …… 202
- Section 56 TIME 時分秒の数値から時刻データを作成する …… 204
- Section 57 WEEKDAY 日付から曜日番号を求める …… 208
- Section 58 WEEKNUM 日付から週番号を求める …… 210

第 5 章 検索／行列関数

- Section 59 CHOOSE 値リストからデータを取り出す ……………………………………… 214
- Section 60 VLOOKUP① 検索キーに一致するデータを検索する ……………………… 216
- Section 61 VLOOKUP② 検索キーに近いデータを検索する …………………………… 224
- Section 62 LOOKUP 検索キーから該当する値を検索する ……………………………… 226
- Section 63 INDEX① 行と列の交点のデータを検索する ………………………………… 230
- Section 64 INDEX② 配列内の行全体または列全体を検索する ………………………… 232
- Section 65 MATCH 見出しの位置を検索する …………………………………………… 236

第 6 章 文字列操作関数

- Section 66 LEN／LENB 文字数を求める ………………………………………………… 240
- Section 67 FIND／FINDB 検索文字に一致する文字の位置を求める① ……………… 244
- Section 68 SEARCH／SEARCHB 検索文字に一致する文字の位置を求める② …… 246
- Section 69 LEFT／LEFTB 文字を先頭から切り出す …………………………………… 250
- Section 70 RIGHT／RIGHTB 文字を末尾から切り出す ………………………………… 252
- Section 71 MID／MIDB 文字を途中から切り出す ……………………………………… 254
- Section 72 REPLACE／REPLACEB 文字を強制的に置き換える ……………………… 256
- Section 73 SUBSTITUTE 文字を検索して置き換える ………………………………… 260
- Section 74 TRIM 余分な空白を削除する ………………………………………………… 262
- Section 75 ASC／JIS 文字を半角／全角に揃える ……………………………………… 264
- Section 76 UPPER／LOWER／PROPER 英字を大文字／小文字／先頭だけ大文字に揃える … 266
- Section 77 EXACT／DELTA 2つのデータを比較する ………………………………… 268
- Section 78 TEXT 数値を指定した形式の文字で表示する ……………………………… 270
- Section 79 VALUE 文字を数字に変換する ……………………………………………… 274

目次

第7章 論理／情報関数

- Section 80 論理式と論理値 — 276
- Section 81 IF 条件に応じて処理を分ける — 278
- Section 82 AND／OR 複数の条件を判定する — 284
- Section 83 IFERROR／IFNA セルがエラーになる場合は別の値を表示する — 286
- Section 84 PHONETIC セルの値のフリガナを取り出す — 288
- Section 85 ISERROR 指定の内容がエラーかどうか判定する — 290

第8章 財務関数

- Section 86 財務関数の共通事項 — 294
- Section 87 FV 将来価値を求める — 298
- Section 88 PV 現在価値を求める — 300
- Section 89 RATE 利率を求める — 302
- Section 90 NPER 支払回数を求める — 306
- Section 91 PMT 定期支払額を求める — 308
- Section 92 PPMT／IPMT 定期支払額の元金と利息を求める — 312
- Section 93 CUMPRINC／CUMIPMT 指定期間の元金と利息の合計を求める — 314
- Section 94 VDB 定率法で減価償却費を求める — 318

付 録

付録 1	関数の入力	322
付録 2	演算子	324
付録 3	ワイルドカード	326
付録 4	エラー値	327
付録 5	名前の利用	328
付録 6	セルの表示形式と書式記号	332
付録 7	セルの参照方式	334
付録 8	関数の組み合わせ	342
付録 9	配列数式	344
付録 10	値の貼り付け	348
付録 11	互換性関数	349

サンプルファイルのダウンロード ……… 350
奥付 ……… 352

目的別索引

英数字

11種類の集計を行う	SUBTOTAL	46
19種類の集計を行う	AGGREGATE	52,56
2値判定を行う	DPRODUCT	176
2つのデータを比較する	EXACT／DELTA	268
3-D参照で集計する	SUM／COUNTA	25,89
AND条件に一致するセルの個数を求める	DCOUNTA	167
OR条件に一致する合計を求める	DSUM	164

あ行

営業日後の日付を求める	WORKDAY／WORKDAY.INTL	192,194
営業日数を求める	NETWORKDAY.INTL／NETWORKDAYS	196,198
英文字を揃える	UPPER／LOWER／PROPER	266
エラー表示を回避する	IFERROR／IFNA	223,287
エラーを判定する	ISERROR	290
エラーを無視して集計値を求める	AGGREGATE	52

か行

概算金額を求める	ROUND／ROUNDUP	71
貸付金の定期回収額を求める	PMT	310
借入可能金額を求める	PV	301
借入金を完済するまでに要する期間を求める	NPER	307
借入の毎月返済額を求める	PMT	310
関数を組み合わせる		342
期限までの残日数を求める	TODAY	185
給料を求める	DAY／HOUR／MINUTE	203
極端な値を除いて平均値を求める	AVERAGEIF	105
切のよい時間を求める	CEILING／FLOOR CEILING.MATH／FLOOR.MATH	76,82
金種計算を行う	QUOTIENT／MOD INT／TRUNC	63,66

項目	関数	ページ
金銭価値		294
空白処理した範囲のデータの個数を求める	COUNTBLANK	91
空白でないことを条件に最大値と最小値を求める	DMAX／DMIN	171
空白に見えるセルを見分ける		88
串刺し集計を行う	SUM／COUNTA	25,89
繰上げ返済を行う	CUMIPMT／CUMPRINC	316
桁を揃える	RIGHT	253
月末日を求める	EOMONTH	190
減価償却費を求める	VDB	318,320
現在価値を求める	PV	300
現在の日付と時刻を求める	TODAY／NOW	184
検索する（位置検索）	MATCH	236
検索する（交点のデータ）	INDEX	230
検索する（データ検索）	VLOOKUP／LOOKUP	216,224,226
検索する（配列の行、列）	INDEX	232
検索する（文字位置）	FIND／FINDB SEARCH／SEARCHB	244,246

さ行

項目	関数	ページ
最小値を求める	MIN／MINA	123
最大値を求める	MAX／MAXA	119
最頻値を求める	MODE.SNGL／MODE	112
さまざまな集計値を求める	SUBTOTAL／AGGREGATE	51,55
時間価値		294
時刻を作成する	TIME	204
時刻を時、分、秒に分解する	HOUR／MINUTE／SECOND	202
時刻を条件に合計を求める	SUMIF	32
時刻を補正する	CELING.MATH／TEXT	33
指定した期間に該当するデータ数を求める	COUNTIFS	97
支払回数を求める	NPER	306

目的別索引

項目	関数	ページ
四分位数を求める	QUARTILE.INC / QUARTILE	127
順位の値を求める	AGGREGATE / SMALL / LARGE	57,148
順位を求める	PERCENTRANK.INC / RANK.EQ	132,154
条件に合う唯一の値を取得する	DGET	172
条件によって処理を分ける	IF	278
条件を付けて数える	SUMPRODUCT / COUNTIF / DCOUNTA	45,92,166
条件を付けて合計する	SUMIF / DSUM	28,164
条件を付けて分散と標準偏差を求める	DVAR / DSTDEV	177
条件を付けて平均する	AVERAGEIF / DAVERAGE	102,168
条件を判定する	PRODUCT	59
将来価値を求める	FV	298
シリアル値から時、分、秒を取り出す	HOUR / MINUTE / SECOND	202
シリアル値から週番号を取り出す	WEEKNUM	210
シリアル値から年月日を取り出す	YEAR / MONTH / DAY	186
シリアル値から曜日番号を取り出す	WEEKDAY	208
シリアル値を作成する	DATE / TIME	188,204
数式をコピーする		334
数値の桁を切り出す	INT / MOD	67
数値を切り上げる	ROUNDUP	70
数値を切り捨てる	ROUNDDOWN / TRUNC	68
数値を切よくまとめる	CEILING / FLOOR / MROUND CEILING.MATH / FLOOR.MATH	72,78,83
数値を五捨六入する	ROUNDDOWN / TRUNC	69
数値を四捨五入する	ROUND	70
数値を整数化する	INT / TRUNC	64
数値を累計する	SUM	23
スケジュールを入力する	WEEKDAY / WEEKNUM	209,212
スケジュールを作成する	YEAR / MONTH / TIME	187,207
請求金額を求める	SUM	24

整数化して補正する		75
絶対参照		335
セル内の空白を削除する	**SUBSTITUTE／TRIM**	261,262
相対参照		334

た行

単位あたりの平均を求める	**DAVERAGE**	169
中央値を求める	**MEDIAN**	110
重複データを検索する	**COUNTIF**	95
重複データをチェックする	**PRODUCT**	59
定期支払額を求める	**PMT**	308
定休日を除く営業日と営業日数を求める	**WORDAY.INTL／NETWORKDAYS.INTL**	199
定率法で減価償却費を求める	**VDB**	318,320
データが上限値を超えないように調整する	**MIN／MINA**	123
データ数の推移を調べる	**COUNTIF**	94
データの代表値からデータ分布を類推する	**MODE.MULT**	116
データの問い合わせを行う	**DGET**	174
データベース関数を使う		156
データベースの条件表を作る		160
データを検索する	**VLOOKUP／LOOKUP**	216,224,226
データを縦横の集計表にまとめる	**SUMIF／SUMIFS／AVERAGEIFS**	34,39,109
度数分布表を作成する	**FREQUENCY**	139
途中計算を省略して合計を求める	**SUMPRODUCT**	41

な行

名前を設定／管理する		328
何度も同じ値が表示されないように順位の値を求める	**SMALL**	150
入力データをチェックする	**SEARCH／SEARCHB　ISBLANK／ISNUMBER**	249,292

目的別索引

は行

パーセンタイル値を求める	PERCENTILE.INC／PERCENTILE	131
配列数式を入力する		345
端数を切り捨てる	ROUNDDOWN／TRUNC	68
端数を処理する	ROUND／ROUNDUP／ROUNDDOWN	70
発注単位に合わせた発注数を求める	MROUND	84
半角／全角を揃える	ASC／JIS	264
比較式		276
微小値を利用して計算誤差を修正する		76
日付の期間を求める	DATEDIF	200
日付を作成する	DATE	188
日付を年月日に分解する	YEAR／MONTH／DAY	187
標準偏差を求める	STDEV.S／STDEV／STDEVA	144
複合参照		339
複数のシートのデータを数える	COUNT／COUNTA	89
複数のシートをまとめて合計する	SUM	25
複数の条件を付けて数える	COUNTIFS	96
複数の条件を付けて合計を求める	SUMIF／SUMIFS	34,39
複数の条件を判定する	AND／OR	284
フリガナを取り出す	PHONETIC	288
分散を求める	VAR.S／VAR／VARA	140
文書に数値を差し込む	TEXT	272
平均値を求める	AVERAGE／AVERAGEA	98,101
返済可能な利率を求める	RATE	305
返済残高を求める	FV	298
返済予定表を作成する	PPMT／IPMT	313
本日の日付と時刻を求める	TODAY／NOW	184

ま行

毎月の積立金額を求める	PMT	311
満期受取額を求める	FV	299

文字数を数える	LEN／LENB	240
文字を置き換える	REPLACE／REPLACEB／SUBSTITUTE	256,260
文字を補う	REPLACEB	259
文字を切り出す	LEFT／RIGHT／MID	250,252,254
文字を数値に変換する	VALUE	274
文字を揃える	ASC／JIS UPPER／LOWER／PROPER	264,266
文字を分割する	REPLACE	259

や・ら・わ行		
要求に基づく計算を行う	CHOOSE	215
翌月1日を求める	DATE／EOMONTH	188,191
利率を求める	RATE	302
論理式		276
論理値		276,325
ワイルドカードを使う		326

ご注意：ご購入・ご利用の前に必ずお読みください

●本書に記載された内容は、情報の提供のみを目的としています。したがって、本書を用いた運用は、必ずお客様自身の責任と判断によって行ってください。これらの情報の運用の結果について、著者および技術評論社はいかなる責任も負いません。

●本書の解説および画面はExcel 2013を利用して作成しておりますが、Excel 2010/2007でもご利用いただけます。

●ソフトウェアに関する記述は、特に断りのないかぎり、2015年3月末日現在での最新バージョンをもとにしています。ソフトウェアはバージョンアップされる場合があり、本書での説明とは機能内容や画面図などが異なってしまうこともあり得ます。あらかじめご了承ください。

●インターネットの情報については、URLや画面等が変更されている可能性があります。ご注意ください。

以上の注意事項をご承諾いただいた上で、本書をご利用願います。これらの注意事項をお読みいただかずに、お問い合わせいただいても、著者および技術評論社は対処しかねます。あらかじめ、ご承知おきください。

■本書に掲載した会社名、プログラム名、システム名などは、米国およびその他の国における登録商標または商標です。本文中では、™、®マークは明記していません。

第1章

数学／三角関数

Section 01	SUM
Section 02	SUMIF
Section 03	SUMIFS
Section 04	SUMPRODUCT①
Section 05	SUMPRODUCT②
Section 06	SUBTOTAL
Section 07	AGGREGATE①
Section 08	AGGREGATE②
Section 09	PRODUCT
Section 10	QUOTIENT／MOD
Section 11	INT／TRUNC①
Section 12	ROUNDDOWN／TRUNC②
Section 13	ROUND／ROUNDUP
Section 14	CEILING／FLOOR
Section 15	CEILING.PRECISE／FLOOR.PRECISE
Section 16	CEILING.MATH／FLOOR.MATH
Section 17	MROUND

書式 =SUM(数値1[,数値2,…,数値N]) N=1～255

指定した**数値N**の合計を求めます。

解説

指定した数値を合計する関数です。売上合計、会計報告、家計簿の収支計算など、職場、地域、家庭を問わず、幅広く利用できます。単なる合計だけでなく、累計やシートをまたがった合計も計算できます。
下の図は、SUM関数の最も一般的な使い方です。ここでは、商品A～Eの販売数量の合計と売上金額の合計を求めています。

引数解説

SUM_0

数値N

数値や数値の入ったセルを指定します。

以下の図は、縦計で関東、及び、関西の月別合計と総合計を求め、横計で4月から6月までの店舗ごとの合計を求めています。

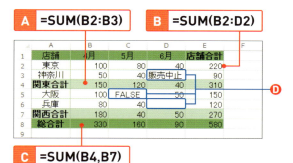

Ⓐ Ⓑ 縦計／横計ともに、連続するセルの値を合計するには、始点と終点のセルの間に「: (コロン)」を挟みます。

Ⓒ 不連続のセルを合計するには、「, (カンマ)」で区切ります。

Ⓓ セル範囲の中に含まれる文字 (セル [D3])、論理値 (セル [C5])、空白 (セル [D6]) は無視され、数値のみを対象に合計が計算されます。

Ⓔ 引数に直接数値を指定することもできます。ここでは、買上金額に送料を加えた請求金額を求めています。

数値Nに直接、論理値を指定した場合

SUM関数の数値Nに直接、論理値を指定した場合は、無視されません。
「=SUM(TRUE)」と入力すると「1」、「=SUM(FALSE)」と入力すると「0」になります。「FALSE」は「0」ですので、結果に影響を与えませんが、「TRUE」は、下図のように、セル参照では無視、直接指定では「1」になりますので、注意が必要です。

	A	B	C	D
1	引数の指定方法	TRUE	数式	
2	セル参照		0	=SUM(B1)
3	直接指定		1	=SUM(TRUE)

足し算とSUM関数の違い

小さな表であれば、足し算でもSUM関数でも入力の手間は変わりませんが、動作が異なります。SUM関数では、セルに含まれる文字や論理値、空白は無視されますが、足し算では無視されません。文字は下記のエラー例のとおりです。論理値は、「TRUE」は「1」、「FALSE」は「0」、空白は「0」とみなされて集計されます。一般に、集計する表の中に数値以外の値が含まれることは珍しくありませんので、足し算ではなく、できるだけSUM関数を使うことをおすすめします。

引数にエラーが含まれる場合は、SUM関数の結果もエラーになります。つまり、エラーは無視されません。ここでは、横計の各店舗の合計のみ、SUM関数を「+」（足し算）の数式に変更しています。

	A	B	C	D	E
1	店舗	4月	5月	6月	店舗合計
2	東京	100	80	40	220
3	神奈川	50	40	販売中止	#VALUE!
4	関東合計	150	120	40	#VALUE!
5	大阪	100	FALSE		150
6	兵庫	80	40		120
7	関西合計	180	40	50	270
8	総合計	330	160	90	#VALUE!

F =B3+C3+D3 　足し算に変更
G =SUM(E2:E3)
H =SUM(E4,E7)

F SUM関数では、引数に含まれる文字は無視されますが（前ページの**D**）、足し算の数式では「販売中止」の文字が無視されず、エラーが発生します。

G H 引数にエラーが含まれる場合は、エラー発生元と同じエラーが発生します。**G**は**F**によって発生したエラーのセル[E3]を参照しています。**H**は、**G**に発生しているエラーのセル[E4]を参照しています。

この例では、エラーの発生原因である「販売中止」を消去すれば、エラーが解消されます。

	A	B	C	D	E
1	店舗	4月	5月	6月	店舗合計
2	東京	100	80	40	220
3	神奈川	50	40		90
4	関東合計	150	120	40	310
5	大阪	100	FALSE	50	150
6	兵庫	80	40		120
7	関西合計	180	40	50	270
8	総合計	330	160	90	580

足し算では、文字を消去するとエラーが解消されます。

I =B5+C5+D5

❶ セル[E5]の値はP.21のSUM関数の場合と同じ結果ですが、これはセル[C5]が「FALSE」で「0」とみなされたので、同じ結果になったにすぎません。

利用例1　数値を累計する　　　　　　　　　　　　　　　　　　SUM_1

合計を求めるセル範囲の始点のセルを絶対参照で固定すると、累計が求められます。ここでは、開催期間中の来場者数を日付ごとに累計します。

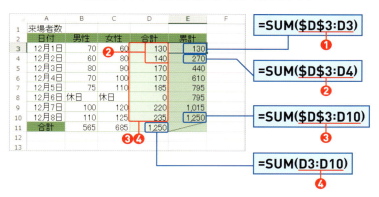

❶ ここでの累計は、初日から○日目までの来場者合計です。「(始点)から(終点)まで」はセル範囲で表します。日付が変わっても累計の始点は初日なので、初日のセル[D3]は絶対参照にします。

　初日の累計は、初日の合計と等しいので、「=D3」と書くこともできますが、2日目以降の累計を踏まえ、**数値1**に[$D$3:D3]を指定します。

❷ 2日目の累計は、初日から2日目までの合計です。セル[E3]のSUM関数をオートフィルで1行下にコピーすると、終点のセルのみ相対的に移動し、**数値1**のセル範囲は[$D$3:D4]に変化します。

❸ 以降、オートフィルでコピーすると、最終日の累計のセル範囲は、[$D$3:D10]になります。これは、初日から最終日までの合計です。

❹ **数値1**に合計のセル範囲[D3:D10]を指定し、初日から最終日までの合計を求めています。この合計値は、❸と一致します。

累計を求めると、数値の推移を調べるのに役立ちます。ここでは、最終的な来場者数「1,250」人に至るまでの、1日ごとの来場者数の推移がわかります。

利用例2 請求金額を求める　　　SUM_2

請求書のひな形にあらかじめSUM関数を入力しておくと、明細の入力に合わせて請求金額が自動的に表示されます。

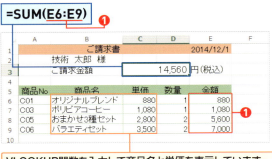

❶ 数値1に明細の金額欄のセル範囲 [E6:E9] を指定します。

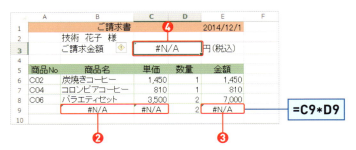

請求書では、VLOOKUP関数を利用して商品Noから商品名や単価を自動入力している場合が多いです。このとき、VLOOKUP関数にエラーが発生すると❷、エラーのセルを参照している金額と❸、その金額のセルを参照しているSUM関数に同じエラーが発生します❹。このように、1つのエラーが複数のエラーを引き起こしてしまいます。この場合は、金額の計算式やSUM関数には誤りがありませんので、エラー元のVLOOKUP関数のエラーを解消する必要があります（P.223）。

利用例3 複数のシートをまとめて合計する　　SUM_3

複数のシートにまたがったセル参照を3D参照といい、3D参照を使った集計を3D集計といいます。また、複数のシートに同一構成の表が作成されていて、各シートの同じセルの値を3D集計することを串刺し集計といいます。ここでは、各支店の経費管理表の経費データを経費集計シートに串刺し集計で合計します。

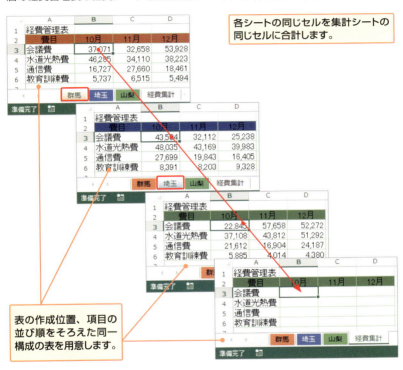

各シートの同じセルを集計シートの同じセルに合計します。

表の作成位置、項目の並び順をそろえた同一構成の表を用意します。

各シートの同じセルを集計シートの同じセルに合計します。

1. 「経費集計」シートのセル[B3]に「=SUM(」と入力します。

2 「群馬」シートのシート見出しをクリックします。

3 手順1で指定したセルと同じ位置のセル（ここではセル[B3]）をクリックします。

4 Shiftキーを押しながら「山梨」シートのシート見出しをクリックし、先頭の「群馬」シートから末尾の「山梨」シートまでのシートを選択します。

5 数式バーをクリックし、末尾に閉じカッコを入力して、Enterキーを押します。

6 「経費集計」シートに合計が求められます。

7 セル[B3]をもとにオートフィルで数式をコピーします。

❶ 「経費集計」シートのセル [B3] に、「群馬」シートから「山梨」シートまでのセル [B3] を指定しています。

「!」マーク

引数の中の「!」はシート名とセルを区切る記号です。たとえば、「山梨!B3」は「山梨」シートのセル [B3] を表します。

Q 飛び飛びのワークシートを串刺し集計することはできますか?
A できません。ワークシートを並べ替え、連続にしてから集計します。

串刺し集計は、天地を揃えて重ねた紙に1本の串を通し、串の刺さった箇所を集計するイメージです。集計したくないワークシートがある場合は、集計シートの右側などにワークシートを移動して、集計するワークシートが不連続にならないようにします。

Q 串刺し集計するときの表はどこまで揃えるのですか?
A 書式を除く表構成全体を揃えます。

「表構成全体を揃える」とは、表の作成位置、項目名、項目名の並び順、そして入力データの単位を揃えます。あるシートは「円」単位なのに、別のシートが「千円」単位では、正しい集計になりません。同様に、あるシートのセル [B3] は10月の会議費なのに、別のシートのセル [B3] は7月の通信費では、集計する意味がありません。なお、関数では、書式は無視しますので、セルや罫線の色、シート見出しの色、フォントの色やサイズといった書式は異なっていてもかまいません。

Section 02

分類 四則計算 合計 和 足し算 条件

SUMIF

1つの条件を付けて数値を合計する

対応バージョン 2007/2010/2013

書式 =SUMIF(範囲,検索条件[,合計範囲])

指定した**検索条件**を**範囲**の中で検索し、**検索条件**に一致したセルに対応する**合計範囲**のセルの数値を合計します。

解説

SUMIF関数は、条件に合う数値を拾って合計する関数で、指定できる条件は1つです。下の図は、各種固定費の月額と引き落とし金融機関名をまとめた表です。残高不足を防ぐには各金融機関にどのくらいの月額残高があればよいかを調べるのにSUMIF関数を利用しています。

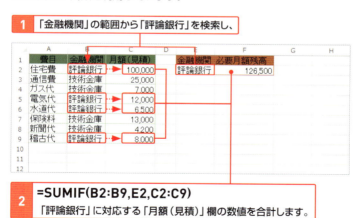

1 「金融機関」の範囲から「評論銀行」を検索し、

2 =SUMIF(B2:B9,E2,C2:C9)
「評論銀行」に対応する「月額(見積)」欄の数値を合計します。

引数解説

SUMIF_0

範囲

検索条件を検索するセル範囲です。よって、範囲は、検索条件と同じ種類のデータになります。

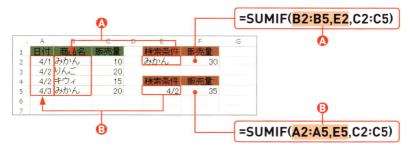

- **Ⓐ** 検索条件が「みかん」の場合、範囲には、「みかん」と同種類のデータが入っている「商品名」（セル範囲 [B2:B5]）を指定します。
- **Ⓑ** 検索条件が「4/2」の場合、範囲には、「4/2」と同種類のデータが入っている「日付」（セル範囲 [A2:A5]）を指定します。

合計範囲

実際に合計を求めるセル範囲です。よって、数値の入ったセル範囲を指定します。また、範囲と1:1に対応するように指定するのが原則です。

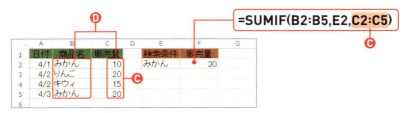

- **Ⓒ** 数値の入ったセル範囲を指定します。指定した範囲の中に含まれる文字、論理値、空白は、無視されます。
- **Ⓓ** 検索条件を検索する範囲が1列4行の場合、合計範囲も1列4行のセル範囲を指定します。

Q 1:1に対応とは、どういうことですか?
A 範囲と合計範囲のセル範囲の構成を同じにすることです。

下の例のように、「みかん」を検索する「商品名」の範囲が2列3行構成ならば、合計範囲の「販売量」も2列3行で構成します。範囲と合計範囲は相対的に同じ位置にあるセル同士が対応するので、セル範囲が離れていても差し支えありません。

相対的に同じ位置にあるセル同士が対応します。

実は、SUMIF関数では、範囲と合計範囲の構成が異なっていてもエラーにならず、範囲の構成に合わせて合計が求められます。誤った合計範囲を指定してもエラーにならないので注意が必要です。下の図では、1列3行の範囲に対して、2列3行の合計範囲を指定していますが、セル範囲[D5:D7]が合計範囲として認識されます。

範囲　実際に認識される合計範囲はこの範囲です。

検索条件

合計する数値をピックアップするための条件を指定します。最も簡単な方法は、条件をセルに入力し、そのセルを指定することです。以下の図では、セル[E2]〜[E5]に検索条件を入力しています。

	A	B	C	D	E	F	G	H
1	日付	商品名	販売量		検索条件	販売量	SUMIF関数の数式	
2	4/1	みかん	10		みかん	30	=SUMIF(B2:B5,E2,C2:C5)	
3	4/2	りんご	20		*ん*	50	=SUMIF(B2:B5,E3,C2:C5)	
4	4/2	キウィ	15		>=4/2	55	=SUMIF(A2:A5,E4,C2:C5)	
5	4/3	みかん	20		<20	25	=SUMIF(C2:C5,E5,C2:C5)	

E 検索する文字や数値を指定します。

F ワイルドカード（→P.326）を指定できます。「＊ん＊」は文字内のいずれかに「ん」が付きます。ここでは、範囲に商品名のセル範囲［B2:B5］を指定していますので、「みかん」と「りんご」が該当します。

G 比較演算子（→P.324）を指定できます。「>=4/2」は4/2以上です。範囲は日付ですから、4月2日以降の「4/2」と「4/3」が該当します。「<20」は、20未満です。範囲は、販売量ですから、20未満の「10」と「15」が該当します。

Q 検索条件のセルに「＊」や「>」などを記述したくないのですが？

A 「"（ダブルクォーテーション）」と「&（アンパサンド）」を使って検索条件を指定します。

この質問は、セルに「ん」や「4/2」と入力するだけで、「＊ん＊」や「>=4/2」と解釈されるようにしたい、という意味です。この場合は、検索条件にワイルドカードや比較演算子を「"（ダブルクォーテーション）」で囲んで直接指定し、「&（アンパサンド）」でつなぎます。

「"*"&E3&"*"」は「＊ん＊」と解釈されます。

	A	B	C	D	E	F	G	H
1	日付	商品名	販売量		検索条件	販売量	SUMIF関数の数式	
2	4/1	みかん	10		みかん	30	=SUMIF(B2:B5,E2,C2:C5)	
3	4/2	りんご	20		ん	50	=SUMIF(B2:B5,"*"&E3&"*",C2:C5)	
4	4/2	キウィ	15		4/2	55	=SUMIF(A2:A5,">="&E4,C2:C5)	
5	4/3	みかん	20		<20	25	=SUMIF(C2:C5,E5,C2:C5)	
6								

「">="&E4」は「>=4/2」と解釈されます。

範囲と合計範囲が同じ場合は

前ページの図で検索条件が「<20」の場合、「=SUMIF(C2:C5,E5,C2:C5)」となり、範囲と合計範囲が同じになっています。このような場合は、合計範囲を省略し、「=SUMIF(C2:C5,E5)」と記述できますが、無理に省略する必要はありません。可読性を考慮するならば、省略せずに記述します。

利用例1　時刻を条件に合計を求める　　　SUMIF_1

会場の参加人数を、午前、午後、夕方に分類して合計します。ただし、会場によって少しずつ開始時刻が異なります。また、会場によっては、午前と夕方のみといった具合に開催していない時間帯があります。

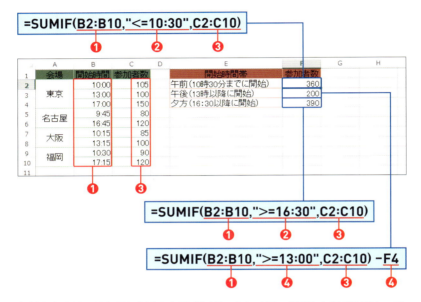

午前と夕方は、それぞれ指定した時刻以前、もしくは、指定した時刻以降に一致する参加人数を合計します。

❶ 時刻を条件にしているので、範囲には開始時間のセル範囲［B2:B10］を指定します。

❷ 午前は、10:30以前に開始されたことを検索条件とし「"<=10:30"」と指定します。夕方は、16:30以降に開始されたことを検索条件とし、「">=16:30"」と指定します。

❸ 合計範囲は参加人数のセル範囲［C2:C10］を指定します。

❹ 午後は検索条件に「">=13:00"」と指定し、13時以降の参加人数を求めます。この人数には、夕方の16:30以降も含みますので、夕方の参加人数（セル［F4］）を差し引いています。

利用例2 補正した時刻を条件に合計を求める　　　SUMIF_2

利用例1と同様ですが、開始時刻のずれが基準時刻の前後30分未満であることを利用します。まず、開始時刻を30分単位に補正します。続いて、分単位を取り除き「10」「13」「17」のいずれかになるように補正します。この「10」「13」「17」を検索条件に指定して、午前、午後、夕方の参加人数を合計します。

- ❶ 補正された時刻の「時」部分を条件にしているので、**範囲**には、補正2のセル範囲[E2:E10]を指定します。オートフィルで下方向にコピーしたときに検索範囲がずれないように絶対参照を指定します。
- ❷ 補正した時刻「10」の入ったセル[G2]を**検索条件**に指定します。
- ❸ **合計範囲**は参加人数のセル範囲[C2:C10]を指定します。オートフィルで下方向にコピーしたときに検索範囲がずれないように絶対参照を指定します。

Memo

分類欄を作成して合計する

集計元の表を編集してもよい場合は、時間帯のデータを追加し、この分類を検索条件に集計することもできます。

利用例3　複数の条件を付けて合計を求める　　　SUMIF_3

SUMIF関数に指定できる条件は1つですが、複数の条件を1つにまとめることができれば、SUMIF関数が利用できます。ここでは、「男性」かつ「ゴールド」の2つの条件を満たす利用金額を合計します。

❶ 2つの条件を1つにまとめるため、E列に検索用データを作成します。「&」を利用して、性別のセル[B2]と会員種別のセル[C2]をつなげ、「男性シルバー」と表示しています。
❷ **範囲**には、検索用データのセル範囲[E2:E11]を指定します。
❸ **検索条件**には、「"男性ゴールド"」と指定します。
❹ **合計範囲**には利用金額のセル範囲[D2:D11]を指定します。

利用例4　複数の条件付き合計を表にまとめる　　　SUMIF_4

利用例3を発展させ、男性と女性、ゴールドとシルバーに分類した利用金額の合計を表にまとめます。この場合、検索条件用データとして、下の図にあるような表を作成しておくと、操作しやすくなります。

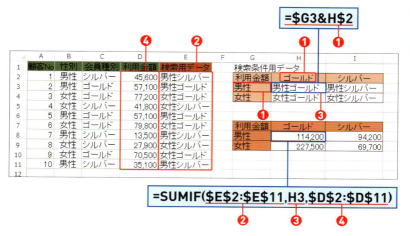

❶ 検索条件用データの項目名を利用して「&」を使った数式で検索条件を作成しています。「男性」「女性」は右方向にコピーするときにずれないように列のみ絶対参照、「ゴールド」「シルバー」は下方向にコピーするときにずれないように行のみ絶対参照を指定します。

❷ **範囲**には、検索用データのセル範囲[E2:E11]を指定します。

❸ **検索条件**には、検索条件用データのセル[H3]を指定します。

❹ **合計範囲**には、利用金額のセル範囲[D2:D11]を指定します。

なお、❷❹では、他のセルにコピーするときに範囲がずれないように絶対参照を指定します。

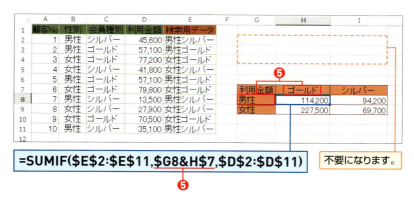

❺ セル[H3]の代わりに、合計を求める表の項目名を使って検索条件を直接指定すると、検索条件用データの表は不要になります。

SUMIFS

複数の条件を付けて数値を合計する

対応バージョン 2007/2010/2013

書式 =SUMIFS(合計対象範囲,条件範囲1,条件1 [,条件範囲N,条件N]) N=1～127

指定した条件Nを条件範囲Nの中で検索し、条件Nに一致したセルに対応する合計対象範囲のセルの数値を合計します。条件Nと条件範囲Nは複数指定できます。

解説

SUMIFS関数は、複数の条件を満たす数値の合計を求めることができます。下図は、日付と担当者を条件に指定し、売上金額を求めています。

1 「日付」から「6/1」、「担当者」から「吉本」を検索し、

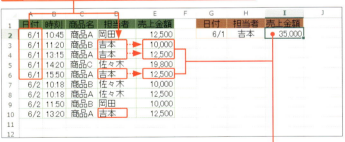

2 =SUMIFS(E2:E10,A2:A10,G2,D2:D10,H2)
「6/1」と「吉本」の両方を満たす売上金額を合計しています。

SUMIFS関数の特徴は、条件を増やすにつれて合計対象が絞られていくことです。上の例では、「6/1」は5件、「吉本」は4件ありますが、両方を満たしているのは3件です。

引数解説

SUMIFS_0

合計対象範囲

合計を求める数値の入ったセル範囲を指定します。また、**条件範囲**と1:1に対応するように指定します(P.30)。

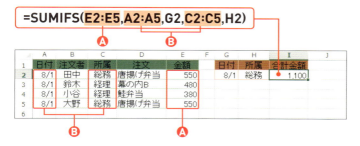

Ⓐ 数値の入ったセル範囲を指定します。指定した範囲に含まれる文字、空白、論理値は、無視されます。

Ⓑ **合計対象範囲**に指定されたセル範囲の構成が1列4行の場合、**条件範囲N**に指定するセル範囲の構成も1列4行にする必要があります。

> **エラー例**
>
> **合計対象範囲**と**条件範囲N**に指定したセル構成が異なると「#VALUE!」エラーが発生します。エラーの原因になったセル構成は、関数を入力したセルをダブルクリックし、色枠を表示させるとわかります。
>
>
>
> ここだけ1列3行構成です。引数のセル範囲を[C2:C5]に修正します。

条件範囲N

条件Nを検索するセル範囲です。条件範囲Nは、条件Nと同じ種類のデータになります。また、条件範囲Nと条件Nはペアで指定します。

	A	B	C	D	E	F
1	日付	売上金額		条件1	条件2	合計売上金額
2	2014/7/1	5,000		>2014/7/10	<2014/7/25	24,000
3	2014/7/3	4,500				
4	2014/7/19	10,000				
5	2014/7/20	6,000				
6	2014/7/21	8,000				
7	2014/7/25	12,000				
8						

=SUMIFS(B2:A7,A2:A7,D2,A2:A7,E2)

- **C** 条件1の「>2014/7/10」(2014/7/10より後)とペアになる条件範囲1は、「日付」(セル範囲[A2:A7])です。
- **D** 条件2の「<2014/7/25」(2014/7/25より前)も日付データなので、条件範囲2には「日付」(セル範囲[A2:A7])を指定します。

CDともに、条件が同じ種類のデータのため、条件を検索する条件範囲が重複しますが、条件範囲の省略はできません。必ずペアで指定します。

条件N

合計する数値を絞るための条件を指定します。条件Nの指定方法は、SUMIF関数の検索条件と同じです。P.30とP.31の**EFG**、及び、Q&Aを参照してください。

SUMIF関数とSUMIFS関数の相違点

SUMIFS関数の条件を1つにすると、SUMIF関数と同じ機能になりますが、使い勝手が異なります。そこで、以下のように引数名を合わせ、両関数の相違点をまとめます。

=SUMIF(検索範囲,検索条件,合計範囲)
=SUMIFS(合計範囲,検索範囲,検索条件)

相違点	SUMIF関数	SUMIFS関数
引数の指定順序	最後に合計範囲を指定します。	先に合計範囲を指定します。
引数の省略	検索範囲と合計範囲が同じ場合、合計範囲を省略できます。	引数の省略はできません。また、検索範囲と検索条件はペアで指定します。
エラー	検索範囲と合計範囲のセル構成が異なる場合、検索範囲のセル構成に合わせて合計が求められます。	検索範囲と合計範囲のセル構成が異なると[#VALUE!]エラーが発生します。

利用例 複数の条件付き合計を表にまとめる　　　SUMIFS_1

SUMIF関数の利用例4と同じです（P.34）。SUMIFS関数では、複数の条件が設定できるため、作業用セルが不要になります。

=SUMIFS($D$2:$D$11,$B$2:$B$11,$F2,$C$2:$C$11,G$1)
　　　　　❶　　　　　❷　　　　❸　　　❸

	A	B	C	D	E	F	G	H
1	顧客No	性別	会員種別	利用金額		利用金額	ゴールド	シルバー
2	1	男性	シルバー	45,600		男性	114,200	94,200
3	2	男性	ゴールド	57,100		女性	227,500	69,700
4	3	女性	ゴールド	77,200				
5	4	女性	シルバー	41,800				
6	5	男性	ゴールド	57,100				
7	6	女性	ゴールド	79,800				
8	7	男性	シルバー	13,500				
9	8	女性	シルバー	27,900				
10	9	女性	ゴールド	70,500				
11	10	男性	シルバー	35,100				

❶ **合計対象範囲**には、利用金額のセル範囲［D2:D11］を指定します。

❷ **条件1**の「男性」（セル［F2］）は性別です。よって、**条件範囲1**には性別のセル範囲［B2:B11］を**条件1**とペアで指定します。

❸ **条件2**の「ゴールド」（セル［G1］）は会員種別です。よって、**条件範囲2**には会員種別のセル範囲［C2:C11］を**条件2**とペアで指定します。

❶❷❸ともに、オートフィルで他のセルに数式をコピーできるように、絶対参照や列のみ、行のみ絶対参照を指定しています。

Section 04

分類 四則計算 掛けて合計

SUMPRODUCT①

数値同士を掛けて合計する

対応バージョン 2007/2010/2013

書式 =SUMPRODUCT(配列1,配列2[,配列3…,配列N]) N=2〜255

2組以上の配列の相対的に同じ位置にあるセル同士を掛けて合計します。
注)配列1のみ指定すると、指定した範囲の合計になります。本書では、「掛けて足す」という機能を重視し、N=2以上とします。

解説

SUMPRODUCT関数は、掛け算と足し算の機能を両方持っています。以下の表で売上合計を求めるには、通常、単価と数量を掛けて個々に小計を求めてから、小計を合計しますが、SUMPRODUCT関数では小計を省略して一気に合計を求めることができます。

1 小計(単価×数量)を計算せず、

2 =SUMPRODUCT(C2:C6,D2:D6)
直接、売上合計を求めています。

引数解説

SUMPRODUCT1_0

配列N

数値の入ったセル範囲を2組以上指定します。Excelでは、配列Nを、同じ種類のデータが入力されたセル範囲と読み替えて差し支えありません。なお、1組のセル範囲だけを指定してもエラーにはなりません。この場合は指定した1組のセル範囲内の数値の合計が求められます。

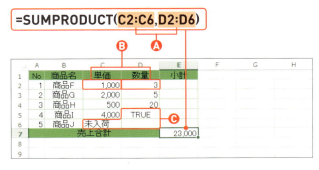

- Ⓐ 配列Nには同じセル構成を指定します。上図の単価と数量はともに1列5行構成です。セル構成が異なると［#VALUE!］エラーが発生します。
- Ⓑ 配列内の個々のデータを要素と呼び、配列同士の相対的に同じ位置にある要素同士を掛け算します。たとえば、配列「単価」と配列「数量」の1列1行目同士の「1000」と「3」が掛け算されます。
- Ⓒ 配列内に含まれる文字、空白、論理値は0とみなされます。これらが含まれる要素同士の掛け算の結果は0になります。

利用例　途中計算を省略して合計を求める　　　SUMPRODUCT_1

割引率が異なる商品の合計買上金額を求めます。合計買上金額は、各商品の割引後価格の合計です。割引後価格は「＝販売価格＊数量＊（1－割引率）」で求められます。ここでは、SUMPRODUCT関数により、商品ごとの割引後価格の計算を省略し、一気に買上金額の合計を求めます。

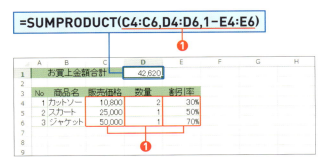

- ❶ 1列3行で構成された3つの配列「販売価格」「数量」「1－割引率」の相対的に同じ位置にあるセル同士を掛け、掛けた値を合計しています。

Section 05

分類 | 四則計算 | 掛けて合計 | 複数条件

SUMPRODUCT②

条件に合う数値を合計する

対応バージョン | 2007/2010/2013

書式 =SUMPRODUCT((配列論理式M)*1,配列N) M,N合計で255まで

論理式を利用して配列Mの要素を条件判定し、判定結果に1を掛けて、判定結果を数値化します。そして、相対的に同じ位置にある配列Nの要素同士を掛けて合計します。　　　　注）引数名「配列論理式」は本書での表記です。

解説

SUMPRODUCT関数は、1:1に対応した配列の要素同士を掛けて足す機能ですが、指定する配列に論理式を設定する使い方があります。このような使い方をすると、条件に合う数値だけ合計することができます。

1 「認定」に「○」が付いているかどうか判定し、

2 =SUMPRODUCT((D3:D7="○")*1,B3:B7,C3:C7)
「○」が付いた箇所と「基礎ポイント」と「重み付け」の要素同士を掛けて合計し、スキルポイント合計を求めています。

上の図は、基礎ポイントにスキル項目ごとの重要度に応じた重み付けを設定してスキルポイントの合計を求める例です。認定の「○」の有無によって合計対象を判定しています。

引数解説　　　　　　　　　　　　　　　　　　　　　SUMPRODUCT2_0

(配列論理式M)＊1

論理式とは比較演算子を使った条件式のことです。配列論理式Mでは、配列内（セル範囲）の要素（セル）を条件判定します。

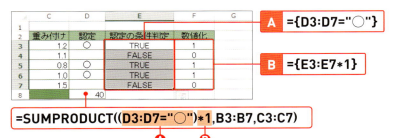

=SUMPRODUCT((D3:D7="○")＊1,B3:B7,C3:C7)

SUMPRODUCT関数の引数に指定した状態では、(配列論理式M)＊1の処理結果が見えないため、上の図のⒶⒷで、引数部分を取り出してます。

Ⓐ 配列論理式1部分を抽出した配列数式（P.344）です。セル[D2]からセル[D7]の値が「○」かどうかを個々に判定し、判定結果が論理値で表示されます。条件に合う場合は「TRUE」、条件に合わない場合は「FALSE」になります。

Ⓑ ＊1部分を抽出した配列数式です。「TRUE」に1を掛けると「1」、「FALSE」に「1」を掛けると「0」になります。

以上より、(配列論理式M)＊1の処理結果は「1」「0」の配列になります。

Q 論理値のTRUEは1、FALSEは0とみなされませんか？ その場合、配列論理式Mに1を掛ける必要はないのではありませんか？

A 1を掛ける必要があります。

P.41のⒸより、配列Nは数値以外の文字、空白、論理値を0とみなします。つまり、TRUEが0とみなされるため、数値を掛けて論理値を数値化する必要があります。これは、掛け算の「＊」が「TRUEは1、FALSEは0」とみなして計算する性質を利用しています。よって、数値の入った配列Nを直接掛けることもできます。ただし、配列Nを直接掛けると、配列がまとまってしまい、個々の配列を掛けて足すという本来の意味が読み取りにくくなります。さらに、掛けた配列Nの中に文字が含まれていると、「＊」は文字を無視しませんから、[#VALUE!]エラーを引き起こします。そこで、1を掛けてエラーの発生を防ぎ、配列論理式Mを「1」「0」の配列に変換して、個々の配列が明確になるようにしています。

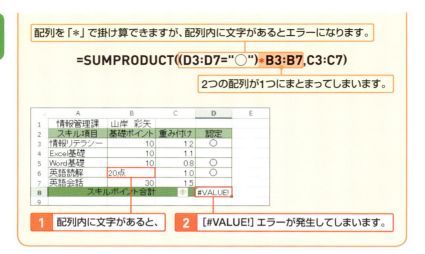

配列N

数値の入ったセル範囲を指定します。配列内の相対的に同じ位置にある要素同士が掛け算されます。

以下は、**配列N**の部分を取り出し、処理結果が見えるようにした図です。

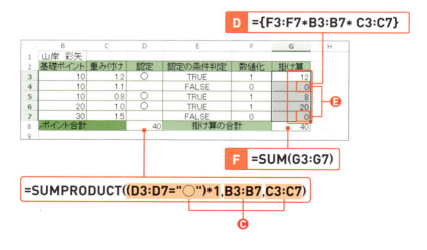

⊙ P.43より配列1に指定した(配列論理式1)*1の結果は「1」「0」の配列です。ここでは、セル範囲[F3:F7]に相当します。配列2はセル範囲[B3:B7]、配列3はセル範囲[C3:C7]を指定します。

⊙ 配列1、配列2、配列3部分を抽出した配列数式です。配列内の同じ位置にある要素同士が掛け算されます。

⊙ (配列論理式1)*1の結果、条件が合わずに「0」になった要素は、配列2、配列3の要素を掛け算しても「0」になります。これは、条件に合わない場合を合計対象から除外しているのと同等です。

⊙ セル範囲[G3:G7]の値を合計した結果は、SUMPRODUCT関数の結果と一致します。

利用例　条件に合うデータを数える　　　SUMPRODUCT_2

上述の「認定」のデータは「○」でしたが、(配列論理式M)*1を指定することにより「1」と「0」になりました。これは、元のデータが文字でも数値化できる、ということです。このことを利用して、東京在住の男性の人数を数えています。

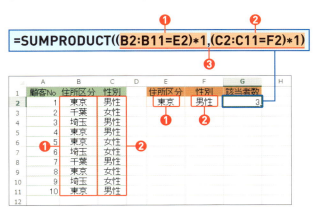

❶ 配列論理式1では、住所区分のセル範囲[B2:B11]の各セルが「東京」(セル[E2])かどうかを判定し、判定結果に1を掛けて数値化します。

❷ 配列論理式2では、性別のセル範囲[C2:C11]の各セルが「男性」(セル[F2])かどうかを判定し、判定結果に1を掛けて数値化します。

❸ ❶❷の処理で「1」「0」に変換された配列の要素同士を掛けて足します。住所区分が1、かつ、性別が1の場合だけ合計され、条件に合う該当者数が求められます。

Section 06

分類 　四則計算

SUBTOTAL

11種類の集計を行う

対応バージョン　2007/2010/2013

書式 =SUBTOTAL(集計方法,参照1[,参照2,…,参照N]) N=1～254

参照Nに指定したセル範囲のデータを、指定した集計方法で集計値を求めます。

解説

SUBTOTAL関数には、数える、合計する、平均するなどの11種類の集計方法が備わっています。同じデータをさまざまな視点で分析したいときに利用すると便利です。

1 「摂取カロリー」データに関する、

2 さまざまな集計値を、SUBTOTAL関数だけで求めています。

3 =SUBTOTAL(9,$C$3:$C$9)
合計を求める場合は、集計方法に「9」を指定します。

SUBTOTAL関数は、選択できる集計方法が多く、参照Nに指定するセル範囲によって、知っておくべきいくつかの集計パターンがあります。詳細は、引数解説の項で解説します。

引数解説

SUBTOTAL_0

集計方法

1～11、または、101～111を指定します。それぞれ同じ機能を持つ対応関数が存在します。なお、非表示セルとは、**参照N**に指定したセル範囲に非表示行がある場合という意味です。

集計方法 非表示セルの集計		参照Nに対する集計内容	対応関数（　）内は2007の表記
する	しない		
1	101	平均	AVERAGE
2	102	数値の個数	COUNT
3	103	空白以外の個数	COUNTA
4	104	最大値	MAX
5	105	最小値	MIN
6	106	掛け算（積）	PRODUCT
7	107	標本標準偏差	STDEV.S (STDEV)
8	108	標準偏差	STDEV.P (STDEVP)
9	109	合計	SUM
10	110	不偏分散	VAR.S (VAR)
11	111	分散	VAR.P (VARP)

参照N

集計対象のセルやセル範囲を最大254個まで指定できます。

■ パターン① 　参照Nに非表示行がない場合

非表示行がない場合は、1～11、101～111のどちらの集計方法を指定しても同じ集計結果になります。

Ⓐ **集計方法**に「9」を指定して販売数量の合計を求めています。

Ⓑ **集計方法**に「109」を指定して販売数量の合計を求めています。

■ **パターン②　参照Nに非表示行が含まれている場合**
行番号を右クリックして＜非表示＞を選択するか、＜ホーム＞タブの＜書式＞ボタンから＜非表示/再表示＞の＜行を表示しない＞を選択するかして、行を隠している場合です。

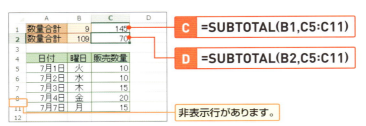

Ⓒ **Ⓐと同じ数式、かつ、同じ結果です。集計方法が1～11の場合は、行を非表示にしていても非表示箇所が集計対象になります。**

Ⓓ **Ⓑと同じ数式ですが、結果が異なります。集計方法が101～111の場合は、非表示にした行が集計対象から外れます。ここでは、土日の行が非表示になり、土曜の「30」と日曜の「45」が集計に含まれません。**

■ **パターン③　参照Nにフィルター機能で非表示にした行がある場合**
参照Nは先頭行に項目名のあるリスト形式の表です。＜データ＞タブの＜フィルター＞ボタンなどによって表にフィルターを設定し、条件に合う行を抽出すると、抽出されなかった行が非表示になります。

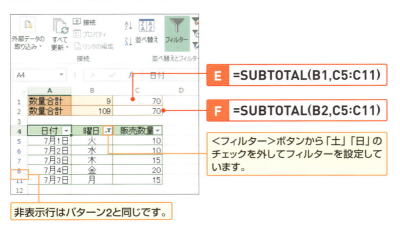

E **C**と同じ数式ですが、結果が異なります。フィルター機能によって非表示にした場合は、集計方法に関係なく、計算対象から外れます。

F **D**と同じ数式、かつ、**D**と同じ結果です。非表示にした行は集計対象から外れます。

ACEと**BDF**のSUBTOTAL関数は全く同一ですが、参照Nによって結果が変わります。特に、集計方法1～11に関しては、見た目には同じでも、フィルター機能による非表示行かどうかによって、集計結果が異なりますので注意します。

Q 参照Nに非表示の列データがある場合はどうなりますか？
A 非表示列は集計方法に関係なく、計算対象となります。

集計方法の1～11と101～111は、行を非表示にすることで参照Nに隠れたセルがあるかどうかを問題にしています。列データのことは考慮されていません。そのため、列データを非表示にし、集計方法に101～111を指定しても、非表示列は除外されずに集計されます。

▼非表示列がない場合

	A	B	C	D	E	F	G	H	I	J
1	商品A,Bの曜日別販売量(8月第1週)									
2		月	火	水	木	金	土	日	合計	
3	商品A	5	15	10	25	15	25	45	140	
4	商品B	10	5	5	10	0	30	25	85	
5										

=SUBTOTAL(109,B3:H3)

▼「土」「日」の列を非表示に設定した場合

	A	B	C	D	E	F	I	J	K
1	商品A,Bの曜日別販売量(8月第1週)								
2		月	火	水	木	金	合計		
3	商品A	5	15	10	25	15	140		
4	商品B	10	5	5	10	0	85		
5									

非表示列があります。　　結果は変わりません。

■ **パターン④　参照Nに集計値を含む場合**

参照Nに指定したセル範囲の中に、小計などの集計値が含まれる場合です。ここでは、セル [B4] とセル [B7] で小計を求めています。

H =SUBTOTAL(109,B2:B3)　　**I** =SUBTOTAL(109,B5:B6)

G =SUBTOTAL(109,B2:B7)

G 参照Nには、関東合計、関西合計を含むセル範囲 [B2:B7] を指定していますが、これらの小計値を除外して総合計が求められています。

ただし、関東合計、関西合計といった小計値は、**HI** に示すようにSUBTOTAL関数で集計されている必要があります。

参照N内の集計値を見分けて重複計算を避けてくれる、と聞くと便利に感じますが、実際は、参照N内にSUBTOTAL関数があるかどうかを見分けているだけです。

J =SUM(B2:B3)　　**K** =SUM(B5:B6)

G =SUBTOTAL(109,B2:B7)

JK SUM関数で小計値を求めている場合、SUBTOTAL関数は、参照N内に含まれる集計値を見分けることができず、重複して合計されます。

利用例　さまざまな集計値を求める　　　　　　　　　SUBTOTAL_1

会議と出退勤時刻に関する集計値を求める例です。日付や時刻も計算できる値なので、SUBTOTAL関数の参照Nに指定できます。

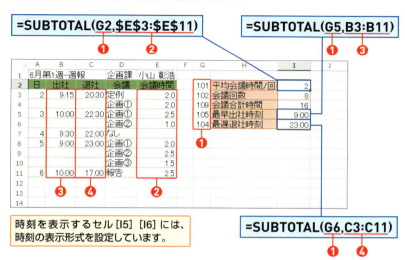

時刻を表示するセル [I5] [I6] には、時刻の表示形式を設定しています。

❶ 目的の集計内容に合わせ、集計方法を入力しています。
❷ 参照Nに会議時間のセル範囲 [E3:E11] を絶対参照で指定し、セル [I4] までコピーできるようにしています。
❸ 参照Nに出社時刻のセル範囲 [B3:B11] を指定し、指定した範囲内で最も早く出社した時刻を求めています。
❹ 参照Nに退社時刻のセル範囲 [C3:C11] を指定し、指定した範囲内で最も遅く退社した時刻を求めています。

> **Q 集計方法の1〜11と101〜111は結局どちらを使えばよいのですか?**
> **A 101〜111をおすすめします。**
>
> 101〜111であれば、非表示にする方法に関係なく、参照Nに含まれる非表示行を集計対象から除外します。例外を考慮する必要がないので覚えやすいです。また、集計方法の101〜111はExcel 2003から利用できます。古いバージョンのファイルを扱う場合にも便利です。

Section 07

分類 四則計算

AGGREGATE①

19種類の集計を行う①

対応バージョン 2010/2013

書式 **=AGGREGATE(集計方法,オプション,参照1[,…参照N])**
N=1～253

参照Nに指定したセル範囲のデータを、オプションの集計条件に従い、指定した集計方法（1～13）で集計値を求めます。

解説

AGGREGATE関数は、SUBTOTAL関数（P.46）を機能拡張した関数で、19種類の集計方法が備わっていますが、ここでは、そのうちの13種類について解説します。

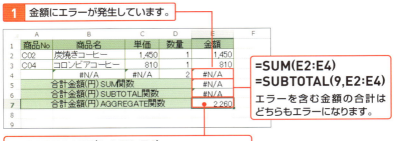

1 金額にエラーが発生しています。

=SUM(E2:E4)
=SUBTOTAL(9,E2:E4)
エラーを含む金額の合計はどちらもエラーになります。

=AGGREGATE(9,6,E2:E4)
エラーを無視するオプション6を指定することにより、エラーを無視して合計金額を求めています。

AGGREGATE関数では、オプションによる集計条件が設定できるようになったため、SUBTOTAL関数のようにいくつかの集計パターンを把握しておく必要はありません。最大の特徴は、参照Nにエラーが含まれていても、これを無視して集計できることです。

引数解説

AGGREGATE1_0

集計方法

1～13を指定します。

集計方法	参照Nに対する集計内容	対応関数 （　）内は2007の表記
1	平均	AVERAGE
2	数値の個数	COUNT
3	空白以外の個数	COUNTA
4	最大値	MAX
5	最小値	MIN
6	掛け算（積）	PRODUCT
7	標本標準偏差	STDEV.S（STDEV）
8	標準偏差	STDEV.P（STDEVP）
9	合計	SUM
10	不偏分散	VAR.S（VAR）
11	分散	VAR.P（VARP）
12	中央値	MEDIAN
13	最頻値	MODE.SNGL（MODE）

オプション

集計条件を指定します。**オプション0**は省略可ですが、第3引数の**参照N**は省略できませんので、引数を区切る「,（カンマ）」は必要です。
カンマの入力忘れを防ぐために、また、可読性をよくするためにも**オプション**は省略せずに指定することをおすすめします。

オプション	内容
0 （省略可）	指定する範囲内にSUBTOTAL関数やAGGREGATE関数が存在する場合はこれらの集計値を無視します。 SUBTOTAL関数のパターン4と同様です（P.50）。
1	オプション「0」のほか、非表示行を無視します。
2	オプション「0」のほか、エラー値を無視します。
3	オプション「0」「1」「2」のすべてを含みます。
4	何も無視せず、すべて集計対象にします。
5	非表示行を無視します。
6	エラー値を無視します。
7	非表示行とエラー値を無視します。

参照N

集計対象のセルやセル範囲を最大253個まで指定できます。
以下の図では、経費の合計金額を求めています。**オプション**の使い方によって合計対象が変化します。

■オプションの選択① 任意のオプション番号が選択できる場合

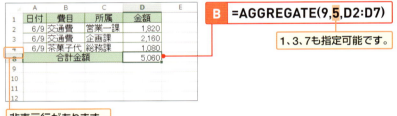

Ⓐ 参照N内に小計値、非表示の行、エラーがなく、今後も行を非表示にしたり、途中に小計値を求めたりする可能性がない場合は、0〜7のいずれでも指定できます。ここでは、「5」を指定しています。

■オプションの選択② 非表示行を集計から除外する場合

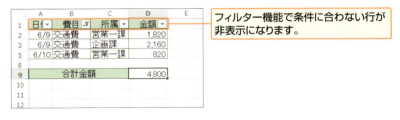

Ⓑ 関数はⒶと同一です。指定した行を非表示にした場合、フィルター機能によって行が非表示になった場合、いずれも集計対象から除外されます。

■ **オプションの選択③　オプション機能を付けたくない場合**

○ 参照Ｎ内の非表示行を集計対象から除外せず、参照Ｎ内にエラーがあれば集計値もエラーにし、エラー発見の動機付けにしたい場合は、**オプション4**を指定します。

利用例　さまざまな集計値を求める　　　　　　　　AGGREGATE_1

テストの得点データをもとにさまざまな集計値を求める例です。成績分析などに利用することができます。

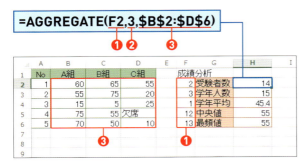

❶ 目的の集計内容に合わせ、**集計方法**を入力しています。
❷ **オプション**は「3」を指定し、非表示行、エラー、途中の集計値を無視するようにしています。
❸ **参照Ｎ**に成績のセル範囲 [B2:D6] を絶対参照で指定し、セル [H6] までコピーできるようにしています。

Section 08

AGGREGATE②

19種類の集計を行う②

分類 順位

対応バージョン 2010/2013

書式 **=AGGREGATE(集計方法,オプション,配列,集計方法の第2引数)**

配列に指定したセル範囲のデータを、**オプション**の集計条件に従い、指定した**集計方法（14〜19）**で値を求めます。集計方法に応じた**集計方法の第2引数**を指定します。　　　　　　　　　　　注）集計方法の第2引数は、本書での表記です。

解説

AGGREGATE2_0

AGGREGATE関数の19種類の集計方法のうち、14〜19の6種類について解説します。集計方法14〜19は、集計するというより、データの順位に関わる機能です。下の図は発育曲線で知られるパーセンタイル値です。

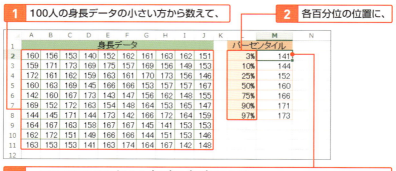

1 100人の身長データの小さい方から数えて、

2 各百分位の位置に、

3 =AGGREGATE(16,4,$A$2:$J$11,L2)
該当する身長を求めています。セル [L2] は集計方法16に必要な第2引数です。

56

引数解説

集計方法　集計方法の第2引数

集計方法は14〜19を指定します。集計方法の第2引数は、それぞれの対応関数の第2引数を、AGGREGATE関数の第4引数に指定します。

集計方法	配列に対する機能	対応関数と第2引数 （　）内は2007の表記
14	降順の順位の値	LARGE(配列,順位)
15	昇順の順位の値	SMALL(配列,順位)
16	百分位数	PERCENTILE.INC(配列,率) (PERCENTILE)
17	四分位数	QUARTILE.INC(配列,戻り値) (QUARTILE)
18	10〜90の百分位数	PERCENTILE.EXC(配列,率)
19	第2、第3の四分位数	QUARTILE.EXC(配列,戻り値)

オプション

AGGREGATE関数のP.53をご覧ください。

配列

数値の入ったセル範囲を指定します。

利用例　指定した順位の値を求める　　AGGREGATE_2

得点データをもとに、第5位までの成績を求めます。

=AGGREGATE(14,3,$B$2:$D$6,F2)
　　　　　　　❶　　　　　　　　❷

	A	B	C	D	E	F	G
1	No	A組	B組	C組		成績	順位
2	1	60	65	55		1	75
3	2	55	75	20		2	75
4	3	15	5	25		3	70
5	4	75	55	欠席		4	65
6	5	70	50	10		5	60

❶ 集計方法は14を指定し、成績上位から指定した順位の成績が求められるようにしています。

❷ 集計方法14に必要な第2引数は順位です。ここでは、F列に入力しています。AGGREGATE関数の第4引数に指定します。

Section 09

分類 四則計算 掛け算 積

PRODUCT

数値を掛け算する

対応バージョン 2007/2010/2013

書式 =PRODUCT(数値1[,数値2,…数値N]) N=1〜255

数値Nに指定した数値同士を掛け算します。

解説

PRODUCT関数は、数値同士の掛け算を行います。掛け算は、「*」を使う方法もありますが、掛ける数値が多くなる場合は、「*」を入力するより、PRODUCT関数を利用した方が、効率よく入力できます。

=PRODUCT(B3:D3)
単価、数量、掛け率を掛けて価格を求めています。

引数解説

PRODUCT_0

数値N

掛け算をする数値や数値の入ったセルを指定します。

=PRODUCT(B3:D3,1+$E$1)

Ⓐ 掛ける数値が連続している場合は、セル範囲を指定できます。
Ⓑ 離れたセルや個別に指定する場合は、「,」(カンマ)で区切ります。

`=PRODUCT(B3:D3,1+$E$1)`　　　　　**D** `=B3*C3*D3*(1+$E$1)`

	A	B	C	D	E	F	G
1				消費税	8%		
2	商品番号	単価	数量	掛け率	税込価格	「*」の計算式	
3	商品A	500	10		5,400	0	
4	商品B	1,000	5	3割引き	5,400	#VALUE!	
5	商品C	800	5	FALSE	4,320	0	
6	商品D	2,000	5	0.7	7,560	7,560	
7		合計			22,680		
8				**C**		**E**	

C 数値Nに含まれるセル参照の空白、文字、論理値は無視されます（Memo参照）。

D 「*」を使った計算式では、空白と論理値「FALSE」は0とみなされます。また、文字を掛け算すると[#VALUE!]エラーになります。なお、「*」を使った計算式では、論理値「TRUE」は1とみなされます。

E 掛け算が、すべて数値で構成されている場合は、PRODUCT関数と「*」を使った計算式が同じ結果になります。

> **Memo**
>
> **数値Nに直接論理値や文字を指定する場合**
>
> 「=PRODUCT(TRUE)」は「1」、「=PRODUCT(FALSE)」は「0」になり、無視されません。また「=PRODUCT("3割引き")」とすると[#VALUE!]エラーになります。無視されるのは、セル参照の場合です。

利用例　条件を判定する　　　　　　　　　　　　　　　　　PRODUCT_1

「0」を掛けると「0」になる性質を利用して、重複をチェックする例です。

`=COUNTIF($A$3:$A$7,A3)-1`
顧客名や携帯電話が重複する数を求めています。詳細は、P.95。

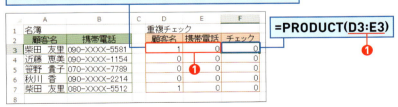

`=PRODUCT(D3:E3)`

❶ 数値1に名簿内の顧客名と携帯電話の重複数を求めたセル範囲[D3:E3]を指定します。同じ行で顧客名、携帯電話とも1以上になる（重複がある）場合のみ、PRODUCT関数の結果が0以外になります。

書式
=QUOTIENT(数値,除数)
=MOD(数値,除数)

QUOTIENT 関数は**数値**を**除数**で割ったときの整数商、MOD 関数はその余りを求めます。　　　　　　　注）QUOTIENT 関数の引数を数値,除数に置き換えています。

解説

QUOTIENT関数とMOD関数は、割り算の整数商と余りです。**数値**も**除数**も同じ符号の場合、割り算と2つの関数には次の関係があります。

全体の数	÷	分ける数	=	1単位の分量	と	分ける数未満の端数
全体の数	÷	1単位の分量	=	分かれる数	と	1単位未満の端数
数値	÷	**除数**	=	QUOTIENT 関数	と	MOD 関数

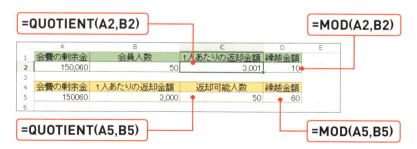

1、2行目は、会費の剰余金を会員人数で割ったときの1人に返却できる金額と会員人数で分けきれない余りを繰越金額として求めています。

3、4行目は、会費の剰余金を決まった返却金で分配するときに分配できる人数と返却金に満たない余りを繰越金額として求めています。

引数解説　　　　　　　　　　　　　　　　　QUOTIENT・MOD_0

数値と除数

数値には前ページの全体の数、**除数**には分ける数か1単位の分量に相当する数値や数値の入ったセルを指定します。

■ **数値**、**除数**ともに正の数の場合

=QUOTIENT(B2,C2)　**=MOD(B2,C2)**

	A	B	C	D	E	F
1	No	数値	除数	整数商	余り	
2	1	100	200	0	100	Ⓐ
3	2	100.5	25	4	0.5	
4	3	100	25.5	3	23.5	Ⓑ
5	4	100.5	25.5	3	24	

Ⓐ **除数**が**数値**より大きい場合は、整数商が0になり、数値がそのまま余りになります。「100/200＝0.5」といった実数解にはなりません。QUOTIENT関数の結果は必ず整数になります。

Ⓑ 小数点を含んでも計算されます。QUOTIENT関数の結果は整数なので、小数点を含む余りはMOD関数の結果に表示されます。

■ **数値**、**除数**に負の数がある場合

	A	B	C	D	E	F
1	No	数値	除数	整数商	余り	
2	5	100	-25	-4	0	
3	6	-100	25	-4	0	
4	7	100	21	4	16	
5	8	-100	-21	4	-16	
6	9	100	-21	-4	-5	
7	10	-100	21	-4	5	

Ⓒ 符号を取り除くと、No5～No10は、**数値**が100、**除数**が25または21です。このような符号を取り除いた値を絶対値といいます。QUOTIENT関数では、「整数商の絶対値×**除数**の絶対値」が**数値の**絶対値以下になるように整数商が求められています。
また、**数値**、**除数**のどちらか一方が負の数の場合は、QUOTIENT関数の結果が負の整数になります。

Ⓓ MOD関数では、**除数**の符号に合わせるという決まりがあります。
よって、**数値**、**除数**のどちらか一方が負の数の場合は、整数商が「-4」、余りが「5」のように、QUOTIENT関数とMOD関数の関係式が見た目上不成立になります。

■ No9の計算

プラス100をマイナス21で割りますので、MOD関数の結果は、<u>除数</u>と同じマイナスになるという決まりがあります。

整数商がマイナス4の場合、余りは「100－(－21×－4)＝＋16」となり、余りがマイナスになりません。MOD関数では、整数商をマイナス5ととらえ、余りを「100－(－21×－5)＝－5」としています。

■ No10の計算

マイナス100をプラス21で割りますので、MOD関数の結果は、<u>除数</u>と同じプラスになるという決まりがあります。

整数商がマイナス4の場合、余りは「－100－(－21×－4)＝－16」となり、余りがプラスになりません。MOD関数では、整数商をマイナス5ととらえ、余りを「－100－(－21×－5)＝＋5」としています。

エラー例

	A	B	C	D	E
1	No	数値	除数	整数商	余り
2	11	0	100	0	0
3	12	100	0	#DIV/0!	#DIV/0!
4	13	100		#DIV/0!	#DIV/0!
5	14	100	TRUE	#VALUE!	0
6	15	100	FALSE	#VALUE!	#DIV/0!
7	16	100	文字	#VALUE!	#VALUE!

🅔 割り算は0で割ると無限大になるので、整数の答えも余りも出ません。よって、0で割ったときに発生する[#DIV/0!]エラーが表示されます。空白も0と見なされます。

🅕 数値や除数に論理値や文字を指定した場合、QUOTIENT関数はすべて[#VALUE!]エラーになります。
MOD関数は、論理値のTRUEを1、FALSEを0と見なして計算します。文字は[#VALUE!]エラーになります。

負の数の割り算

割り算に負の数が含まれる場合は、2通りの答えと余りが考えられます。

－100÷21

❶ 整数商「－4」 余り「－16」 → －4×21＋(－16)＝－100
❷ 整数商「－5」 余り「5」　 → －5×21＋5＝－100

これはどちらが正しいのかという問題ではなく、定義の問題です。たとえば、余りは割る数より小さく0より大きいと定義する場合は❷が成立するという具合です。この2通りの答えと余りなら良いのですが、QUOTIENT関数は❶の考え方、MOD関数は❷の考え方のため、整数商が「-4」で余りが「5」のようなおかしな組み合わせになります。負の数の割り算をするときには、余りの定義によって2通りの答えがあることを意識し、QUOTIENT関数とMOD関数の戻り値を確認するようにします。

小数点を含む値を除数に指定すると、誤差によって戻り値が正しく表示されない場合があります。原因は、Excelが抱えている小数点の計算誤差によるものです。

	A	B	C	D	E
1	No	数値	除数	整数商	余り
2	17	100	0.8	125	0.8
3	18	123	0.3	410	4.55E-15
4	19	1000	8	125	0
5	20	1230	3	410	0

Ⓖ 余りが0になるはずのケースで余りが生じています。
No17は、100を0.8で割った余りが0.8となり、明らかな誤りです。
No18は、123を0.3で割ると、限りなく0に近いものの0ではない余りが表示されています。

Ⓗ 対策は、除数を整数化する(ここでは、10倍にする)ことです。同時に数値も10倍にすることで、No17、18と同等の計算になります。

利用例　金種計算を行う　　　　QUOTIENT・MOD_1

交通費の精算などに役立つ金種計算です。

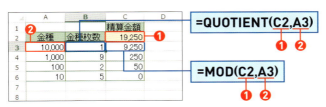

❶ 精算金額のセル[C2]を数値に指定します。精算金額から1万円札を求めたあとの残額9,520円が千円札の枚数と残額を求める数値になります。

❷ 金種のセル[C3]を除数に指定します。

Section 11

分類　端数処理　整数化

INT
TRUNC①

小数点以下を
切り捨てて整数にする

対応バージョン　2007/2010/2013

書式
=INT(数値)
=TRUNC(数値[,桁数])

両関数とも、指定した**数値**の小数点以下を切り捨てて整数にします。TRUNC関数の**桁数**はP.68で解説します。

解説

INT関数とTRUNC関数は、指定する**数値**が正の数の場合は、全く同じ機能です。以下は、税込価格を求めた際に発生する小数点以下を切り捨てている例です。

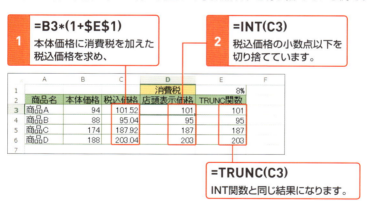

① =B3*(1+$E$1)
本体価格に消費税を加えた税込価格を求め、

② =INT(C3)
税込価格の小数点以下を切り捨てています。

=TRUNC(C3)
INT関数と同じ結果になります。

指定する**数値**が負の数の場合は、INT関数とTRUNC関数の結果が異なります。両関数の違いについて次項で解説します。

引数解説

INT・TRUNC_0

数値
数値や数値の入ったセルを指定します。

■ **数値**が負の数の場合
INT関数は、指定した**数値**を超えない整数になり、TRUNC関数は、符号に関係なく単に小数点以下を切り捨てます。

=INT(B2)　　**=TRUNC(B2)**

	A	B	C	D	E
1	符号	数値	INT関数	TRUNC関数	
2	正の数	3.5	3	3	
3		2.4	2	2	Ⓐ
4		1.1	1	1	
5		0.8	0	0	
6	負の数	-0.6	-1	0	
7		-1.2	-2	-1	Ⓑ
8		-2.3	-3	-2	
9		-3.8	-4	-3	

Ⓐ **数値**が正の数の場合はINT関数とTRUNC関数は同じ機能です。関数名を互いに置き換えることができます。

Ⓑ **数値**が負の数の場合、常にINT関数の方がTRUNC関数より、1小さくなります。

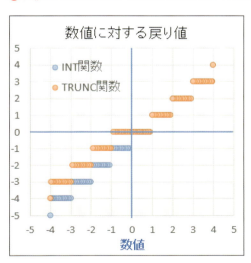

左図は、さまざまな数値に対するINT関数とTRUNC関数の戻り値を表したグラフです。数値が正の場合は、INT関数とTRUNC関数は重なり合い、全く同一であることがわかります。数値が負の場合は、TRUNC関数とINT関数がずれて表示されていることがわかります。

■ 数値に指定する値の種類と戻り値

値の種類	値	INT関数	TRUNC関数
文字	あ	#VALUE!	#VALUE!
論理値	TRUE	1	1
	FALSE	0	0
空白		0	0
セル範囲	-7.5	-8	-7
	8.2		

E =INT(B6:B7)
=TRUNC(B6:B7)

C 数値に文字を指定すると[#VALUE!]エラーになります。

D 数値に論理値を指定した場合、「TRUE」は「1」、「FALSE」は「0」と見なされます。また空白も0と見なされます。

E 数値にセル範囲を指定した場合、エラーにはなりませんが、セル範囲の先頭のセルだけが数値と見なされます。

値の種類	値	INT関数	TRUNC関数
論理値	TRUE	1	1
	FALSE	0	0

F =INT(TRUE)
=TRUNC(TRUE)

F 数値に直接、論理値を指定した場合、「TRUE」は「1」、「FALSE」は0になります。INT関数とTRUNC関数では、論理値をセル参照しても直接指定しても戻り値が同じになります。

利用例1 金種計算を行う　　　　　　　　　　　　　　INT・TRUNC_1

P.63と同じ金種計算です。QUOTIENT関数の代わりにINT関数を利用できます。金種計算の方法についてはP.63をご覧ください。ここでは、INT関数とMOD関数の動作に着目します。

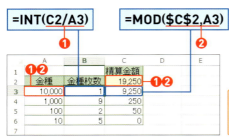

利用例1、2ともに、関数名「INT」を「TRUNC」に置き換えることができます。

❶ 精算金額の「19250」を10000（0が4つ）で割ると、小数点の位置が左に4桁移動して「1.9250」になります。小数点以下を切り捨てて、1万円札は1枚になります。次の行では、「9250」を1000（0が3つ）で割ります。小数点の位置が左に3桁移動して「9.250」となり、整数部分の「9」が千円札の枚数です。以下同様に求めます。

❷ P.63では、MOD関数の数値に指定したセル［C2］は相対参照にしましたが、絶対参照にしても同様です。「19250」を10000で割った余りの「9250」は、最上位の桁を1つ落とした値です。同様に、「19250」を1000で割った余りの250は上から2桁分の「19」を落とした値です。

利用例2 数値の桁を切り出す INT・TRUNC_2

利用例1の❶❷のように、INT関数は、割り算を使って小数点を移動させることにより、数値の桁を上位から切り出すことができます。一方、MOD関数は、数値の下位側の桁を切り出すことができます。

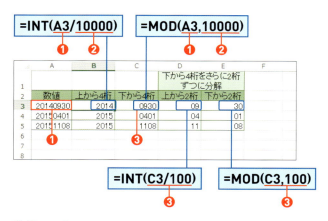

❶❷ 数値「20140930」を10000で割った値は、「2014.0930」となり、INT関数の結果は整数部分の2014になります。MOD関数の結果は、数値を10000で割った余りが930です。ここでは、「0930」と表示されるようにセルの表示形式（P.332）を変更しています。

❸ 下から4桁のセル［C3］をもとに100で割って2桁ずつに分解しています。

たとえば、セル［B3］を西暦年、セル［D3］を月、セル［E3］を日とすると、セル［A3］の数値は西暦の年月日に分解されたことになります。また、セル［A3］を「商品コード」とすると、「大分類」「中分類」「小分類」に分解したとみることもできます。このように、INT関数とMOD関数を使うと、連続する数字を指定した場所で切り分け、意味のある数字に分解することができます。

Section 12

ROUNDDOWN TRUNC②

数値を指定した桁数に切り捨てる

分類　端数処理　切り捨て

対応バージョン　2007/2010/2013

書式
=ROUNDDOWN(数値,桁数)
=TRUNC(数値[,桁数])

数値を指定した**桁数**に切り捨てます。

解説

ROUNDDOWN関数と、**桁数**を省略しないTRUNC関数は同じ機能です。以下は、獲得ポイントを十の位で切り捨て、百円単位の買い物券を求める例です。

=ROUNDDOWN(B2,-2)
獲得ポイントを十の位で切り捨てています。

=TRUNC(B2,-2)
ROUNDDOWN関数と同じ結果になります。

	A	B	C	D	E
1	顧客名	獲得ポイント	買い物券	TRUNC関数	繰越ポイント
2	田中　浩美	4,894	4,800	4,800	94
3	江本　有紀	7,729	7,700	7,700	29
4	笹野　愛実	6,935	6,900	6,900	35
5	吉永　絵里	5,963	5,900	5,900	63
6	渡瀬　佳音	7,646	7,600	7,600	46

引数解説

ROUNDDOWN・TRUNC_0

数値
数値や数値の入ったセルを指定します。

桁数
小数点を基点の0とし、小数部を正の数、整数部を負の数で指定します。

▼数値の位と桁数

桁	千	百	十	一	・	一位	二位	三位
桁数	-4	-3	-2	-1	0	1	2	3

=ROUNDDOWN(B2,C2)　　=TRUNC(B2,C2)

Ⓑ

	A	B	C	D	E
1	種別	数値	桁数	ROUNDDOWN	TRUNC
2	数値	987.654	-2	900	900
3		987.654	0	987	987
4		987.654	2	987.65	987.65
5	論理値	987.654	TRUE	987.6	987.6
6		987.654	FALSE	987	987
7		TRUE	0	1	1
8	空白	987.654		987	987
9	文字	987.654	あ	#VALUE!	#VALUE!

Ⓐ

Ⓐ ROUNDDOWN関数とTRUNC関数は全く同じ戻り値になります。

Ⓑ **数値**または**桁数**に指定した論理値は、「TRUE」を「1」、「FALSE」を「0」と見なし、空白も「0」と見なします。文字の指定は［#VALUE!］エラーです。**数値**が負の数の場合はP.71で紹介しています。

利用例　数値を五捨六入する　　　ROUNDDOWN・TRUNC_1

四捨五入は端数を処理する位が4以下なら切り捨て、5以上なら繰り上げですが、端数に5を足して、繰り上がるかどうかで判断することもできます。五捨六入は端数に4を足して繰り上がるかどうかを見ます。

	A	B	C	D
1	数値	繰り上がりチェック	桁数	五捨六入
2	100.25	0.04	1	100.2
3	100.26	0.04	1	100.3
4	115.5	0.4	0	115
5	115.6	0.4	0	116
6	115	4	-1	110
7	116	4	-1	120

=ROUNDDOWN(A2+B2,C2)

❶　❷

関数名を「TRUNC」に置き換えることができます。

❶ **数値**に数値と繰り上がりチェックを加えた値を指定しています。繰り上がりをチェックする「4」の値は、**桁数**によって桁位置が変わります。

❷ **桁数**を指定しています。「100.25」は「0.04」を加えると「100.29」となり、繰り上がりません。小数点第2位が切り捨てられ、「100.2」になり、端数の5は切り捨てられます。「100.26」は「0.04」を加えると「100.30」になり、端数の6が繰り上がります。

Section 13

分類　端数処理　四捨五入　切り上げ

ROUND
ROUNDUP

数値を指定した桁数に
四捨五入・切り上げる

対応バージョン 2007/2010/2013

書式
=ROUND（数値,桁数）
=ROUNDUP(数値,桁数)

数値を指定した**桁数**に四捨五入したり（ROUND 関数）、切り上げたりします（ROUNDUP 関数）。

解説

ROUND関数とROUNDUP関数、ROUNDDOWN関数は、三兄弟の関数です。指定した**数値**の端数を3通りの方法で処理します。次の例では、税込価格を3つの関数を使って小数部を処理しています。

関数名が異なるだけで引数の指定方法は同じです。ここでは、**桁数**に0を指定して、小数点第1位を端数処理して整数にしています。ROUND関数は、小数点第1位が5以上かどうかで切り捨てと切り上げが変わります。ROUNDUP関数は小数部が0より大きいときに「1」繰り上がります。上の図のセル［C6］のように、小数部が0の場合は繰り上がりません（セル［E6］）。

引数解説

ROUND・ROUNDUP_0

数値 **桁数**

ROUNDDOWN関数と同様です。P.68をご覧ください。

■ 数値が負の数の場合

	A	B	C	D	E
1	負の数	桁数	ROUND	ROUNDUP	ROUNDDOWN
2	-987.654	2	-987.65	-987.66	-987.65
3	-987.654	1	-987.7	-987.7	-987.6
4	-987.654	0	-988	-988	-987
5	-987.654	-1	-990	-990	-980

A =ROUND(A2,B2)

Ⓐ A列の負の数を**数値**に指定し、B列の**桁数**によって端数を処理します。C列のROUND関数は四捨五入、D列のROUNDUP関数は切り上げ、E列のROUNDDOWN関数は切り捨てです。

Ⓑ 3つの関数ともに、符号に関係のない大きさ（絶対値）で端数が処理されます。

利用例　概算金額を求める

ROUND・ROUNDUP_1

必要経費の概算金額を求める例です。ケース1は個々の経費を千円単位切り上げてから合計しています。ケース2は合計金額を千円単位に切り上げています。同じ桁数での切り上げでも個々に処理するか、まとめて処理するかで結果が異なります。

❶ **数値**に小計のセル［C2］を指定し、**桁数**に「-3」を指定し、百の位で切り上げて千円単位にしています。

❷ **数値**に合計のセル［D6］を指定し、**桁数**に「-3」を指定し、百の位で切り上げて千円単位にしています。

Section 14

分類　端数処理　切り上げ　切り捨て　基準値

CEILING
FLOOR

数値を指定した基準値に切り上げ・切り捨てる①

対応バージョン　2007/2010/2013

書式 =CEILING(数値,基準値)
　　　=FLOOR(数値,基準値)

数値を指定した**基準値**の倍数になるように端数を処理します。CEILING関数は数値を切り上げ、FLOOR関数は切り捨てます。

解説

CEILING関数とFLOOR関数は、どちらも**数値**を切のよい値にします。ここでの「切のよい値にする」とは、指定した**基準値**で割り切れるような**数値**に調整するということです。

=CEILING(B3,50000)
買上累計額を5万単位に切り上げています。

=FLOOR(B3,50000)
買上累計額を5万単位に切り捨てています。

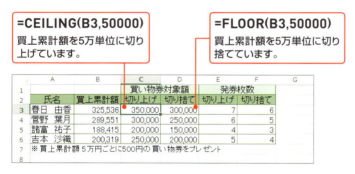

上の図は、買上累計額を5万円単位になるように調整した例です。
買い物券などのサービス券は、顧客が支払った金額を上限にすることが多いので、この場合は、FLOOR関数を使うのが一般的です。CEILING関数を使うと、実際の買上累計金額より高い金額設定で買い物券を発券するため、FLOOR関数を使った場合より1枚多くなります。

引数解説

CEILING・FLOOR_0

数値
数値や数値の入ったセルを指定します。

基準値
切よくまとめたい単位となる数値、セルを指定します。

■ **数値**、**基準値**の正負の組み合わせによる戻り値

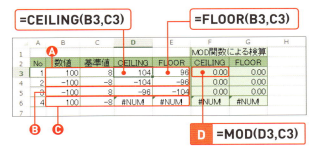

- **A** **数値**、**基準値**の組み合わせが（正数、正数）または（負数、負数）のように、符号が同じ場合です。CEILING関数は符号に関係のない数値の大きさ（絶対値）より大きく切り上げられます。FLOOR関数も同様に、数値の絶対値より小さく切り捨てられます。

- **B** **数値**、**基準値**の組み合わせが（負数、正数）の場合です。この場合は、符号を考えた戻り値になります。CEILING関数は、数値より大きく切り上げられ、FLOOR関数は数値より小さく切り捨てられます。

- **C** **数値**、**基準値**の組み合わせが（正数、負数）の場合です。[#NUM!]エラーとなります。

- **D** MOD関数（P.60）による検算です。CEILING関数やFLOOR関数によって得た数値は、**基準値**に従う切のよい値になっているはずです。つまり、端数を処理した値を**基準値**で割ったときに余りが0になれば、端数処理した数値が**基準値**の倍数になっていることが確かめられます。

■数値、基準値に文字、論理値、空白を含む場合

	A	B	C	D	E
2	種別	数値	基準値	CEILING	FLOOR
3	文字	あ	8	#VALUE!	#VALUE!
4	ゼロ	100	0	0	#DIV/0!
5	空白	100		0	#DIV/0!
6	論理値	100	FALSE	0	#DIV/0!
7		100	TRUE	100	100

E 数値や基準値に文字を含むと［#VALUE!］エラーになります。

F 基準値に空白、論理値「FALSE」を指定した場合は「0」とみなされます。CEILING関数の戻り値は「0」になりますが、FLOOR関数は、［#DIV/0!］エラーになります。論理値の「TRUE」は「1」とみなされます。

■数値や基準値に小数を含む場合

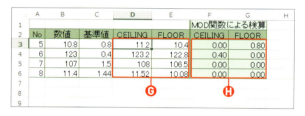

G 基準値に小数点を含んでも、数値は基準値の倍数になるように切り上げ、または、切り捨てされます。

H MOD関数による検算です。No5とNo6に余りが表示されています。つまり、CEILING関数とFLOOR関数の結果は誤りなのかと疑われますが、これは小数点を含む計算誤差が原因で発生している余りです。なお、Excelのバージョンによって検算結果が異なる場合があります。

上の図に示すように、検算したときに余りが出るケースがあると、関数の使用に不安を覚えます。そこで、次ページのように数値、基準値を10倍または100倍などして整数化すると、検算の結果（余りが0）も正しく表示され、より安心して使うことができます。なお、CEILING関数とFLOOR関数の結果は、10や100で割って元に戻します。

1 数値、基準値とも10倍、100倍などして整数にすると、

2 検算結果が正しく表示されたことが確認できます。

	A	B	C	D	E	F	G	H	I	J
1						MOD関数による検算		処理した値を元に戻す		
2	No	数値	基準値	CEILING	FLOOR	CEILING	FLOOR	CEILING	FLOOR	
3	5'	108	8	112	104	0.00	0.00	11.2	10.4	
4	6'	1230	4	1232	1228	0.00	0.00	123.2	122.8	
5	7'	1070	15	1080	1065	0.00	0.00	108	106.5	
6	8'	1140	144	1152	1008	0.00	0.00	11.52	10.08	

3 **1**で掛けた10や100で割って、本来得るべき端数処理値に戻します。

Q 小数を含む計算誤差の対策は整数化するだけですか?

A 整数化のほかに、計算結果に影響を与えないほど小さな微小値を使って重み付けをしたり、ROUND関数で桁を揃えたりする方法があります。

整数化するとは、元の数値を10倍、100倍などにすることですが、これを言い換えると、小数点の位置を右に移動させるということです。元に戻すには、右に移動した分だけ左に移動させればよいので、10や100で割ることになります。この考え方は、10進数の数値を取り扱う分にはよいのですが、次の利用例で紹介する時間を処理するには少々不向きです。なぜなら1日は24時間、1時間は60分、1分は60秒というように60進数だからです。たんに小数点の桁位置を移動するという考えは使えません。この場合は、微小値による重み付けが有効です。

▼小数点の移動

数値	1	2	.	3	4	小数点は
×10	1	2	3	.	4	右に移動
×100	1	2	3	4	.	
/10	1	2	3	.	4	小数点は
/100	1	2	.	3	4	左に移動

第1章 数学／三角関数

利用例1 切のよい時間を求める　　　CEILING・FLOOR_1

退出時刻から入出時刻を引いた利用時間を10分単位に調整する例です。時刻は24時間を1とする小数のシリアル値で管理されています（P.180）。10分をシリアル値で表すと「0. 0.00694444…」となるため、この例は、**基準値**が小数の場合です。

ここでは、CEILING関数を使って、利用時間が1分でも超えたら、10分に繰り上げる場合と、FLOOR関数を使って10分未満の超過は切り捨てる場合を求めます。

時刻は「時:分:秒」の形式です。

❶ 利用時間のセル [D4] を**数値**に指定します。

❷ 基準値のセル [F2] を**基準値**に指定し、オートフィルでコピーしても10分単位の基準値がずれないように絶対参照を指定します。

❸ 1時間（1:00:00）は60分で、10分の6倍なので、CEILING関数、FLOOR関数とも「1:00:00」になるはずです。しかし、計算誤差により、「1:10:00」や「0:50:00」になっています。

利用例2 微小値を利用して計算誤差を修正する　　　CEILING・FLOOR_2

「1:00:00」と表示するはずが、CEILING関数で「1:10:00」と表示されてしまったのはなぜでしょうか。これは、セルの見た目は「1:00:00」でも、CEILING関数内で「1:00:00＋α（αは1秒未満の微小値）」と認識されたため、10分繰り上がったためと考えられます。もし、αが1秒より大きいなら、少なくともセルには「1:00:01」と表示されるはずです。よって、利用時間から1秒を引けば、誤差αが引けます。また、1秒であれば、利用時間に影響は出ません。

FLOOR関数については、「1:00:00」と表示されるはずが、「0:50:00」と表示されています。これもセルの見た目は「1:00:00」ですが、FLOOR関数内では「1:00:00－α（αは1秒未満の微小値）」と認識されたため、10分切り捨てられたと考えられます。もし、αが1秒より大きければ、セルの見た目も、少なくとも「0:59:59」と表示されたはずです。

よって、FLOOR関数の場合は、利用時間に1秒足すことで誤差αを補います。

	A	B	C	D	E	F
1	学習室A 定員8名 利用状況				利用時間調整	
2			補正値	0:00:01	基準値	0:10:00
3	利用責任者	入室時刻	退出時刻	利用時間	CEILING関数	FLOOR関数
4	駒形 一郎	8:00:00	9:05:00	1:05:00	1:10:00	1:00:00
5	佐々木 亜季	9:50:00	11:07:00	1:17:00	1:20:00	1:10:00
6	弓岡 紗枝	11:15:00	12:15:00	1:00:00	1:00:00	1:00:00
7	工藤 聡	13:00:00	14:00:00	1:00:00	1:00:00	1:00:00
8	木村 悠太	14:00:00	15:00:00	1:00:00	1:00:00	1:00:00
9	角倉 恵理子	16:00:00	17:10:00	1:10:00	1:10:00	1:10:00

=CEILING(D4−$D$2,$F$2)　　　　**=FLOOR(D4+$D$2,$F$2)**

❶ CEILING関数では、利用時間から1秒の補正値（セル[D2]）を引き、FLOOR関数では、利用時間に1秒を足して、利用時間を補正し、誤差を修正しています。

整数化して補正するには

数値、基準値を整数化して誤差を解消するには、時刻のシリアル値（24時間で1）と「1時間＝60分」を使って、利用時間を「1:00:00×24時間×60分」として「分」の整数にします。基準値は「10」分です。整数化した値で切り上げ、切り捨てを行ったあと、元の時間に戻すのに「24×60」で割る必要があります。CEILING関数の場合、「=CEILING(整数化した利用時間,10)/(24＊60)」とします。ところが、「(24*60)」で割ることで、またしても小数になり、誤差が出る可能性があります。ここが、たんに小数点を移動させるのとは異なる点です。この場合は、ROUND関数を使って桁を揃える工夫も必要になります（P.82）。

Section 15

分類 | 端数処理 | 切り上げ | 切り捨て | 基準値

CEILING.PRECISE
FLOOR.PRECISE

数値を指定した基準値に切り上げ・切り捨てる②

対応バージョン 2010/2013

書式
=CEILING.PRECISE(数値[,基準値])
=FLOOR.PRECISE(数値[,基準値])

数値を指定した**基準値**の倍数になるように端数を処理します。CEILING.PRECISE関数は数値を切り上げ、FLOOR.PRECISE関数は数値を切り捨てます。

解説

CEILING.PRECISE関数とFLOOR.PRECISE関数は、Excel 2010で追加された関数ですが、Excel 2013でCEILING.MATH関数とFLOOR.MATH関数に変わりました。次節をご参照ください。

注）CEILING.PRECISE関数とFLOOR.PRECISE関数はExcel 2013でも利用可能ですが、「数学／三角」関数のカテゴリにはありません。手入力のみ有効です。

Section 16

分類 | 端数処理 | 切り上げ | 切り捨て | 基準値

CEILING.MATH
FLOOR.MATH

数値を指定した基準値に切り上げ・切り捨てる③

対応バージョン 2013

書式
=CEILING.MATH(数値[,基準値][,モード])
=FLOOR.MATH(数値[,基準値][,モード])

数値を指定した**基準値**の倍数になるようにします。**モード**は**数値**が負の数のときのみ影響し、符号を考慮した切り上げ、切り捨てを指定します。

> 解説

CEILING.MATH関数とFLOOR.MATH関数は、どちらも**数値**を**基準値**によって切のよい値に調整します。基本的にはCEILING関数とFLOOR関数と同様です。以下の図は、P.72で紹介した例です。関数名のCEILINGをCEILING.MATHに、FLOORをFLOOR.MATHに変更しただけです。

=CEILING.MATH(B3,50000)
買上累計額を5万単位に切り上げています。

	A	B	C	D	E	F	G
1			買い物券対象額		発券枚数		
2	氏名	買上累計額	切り上げ	切り捨て	切り上げ	切り捨て	
3	春日 由香	325,536	350,000	300,000	7	6	
4	菅野 葉月	289,551	300,000	250,000	6	5	
5	諸富 祐子	188,415	200,000	150,000	4	3	
6	吉本 沙織	200,319	250,000	200,000	5	4	
7	※買上累計額5万円ごとに500円の買い物券をプレゼント						
8							

=FLOOR.MATH(B3,50000)
買上累計額を5万単位に切り捨てています。

数値、**基準値**ともに正の数の場合は、以前のバージョンから利用できるCEILING関数やFLOOR関数と同じ結果になります。ただし、異なるケースもありますので、以下に解説します。

> 引数解説　　　　　　　　　　　　　　CEILING.MATH・FLOOR.MATH_0

数値

数値や数値の入ったセルを指定します。

基準値

切よくまとめたい単位となる数値、セルを指定します。指定を省略した場合は「1」と見なされます。

■ **数値**、**基準値**の正負の組み合わせによる戻り値（**モード**は省略）

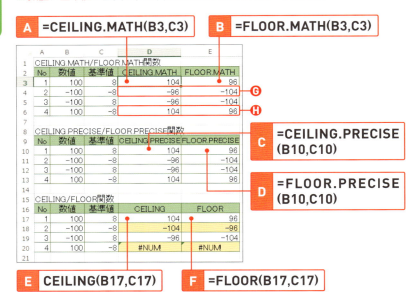

- **ⒶⒷ** **数値**「100」または「-100」を**基準値**「8」または、「-8」の倍数になるように切り上げたり、切り捨てたりしています。
- **ⒸⒹ** ⒶⒷと同じです。関数名をCEILING.PRECISEとFLOOR.PRECISEにしています。CEILING.PRECISE関数とFLOOR.PRECISE関数は、**モード**を省略したCEILING.MATH関数とFLOOR.MATH関数と同じです。
- **ⒺⒻ** ⒶⒷと同じです。関数名をCEILINGとFLOORにしています。
  18行目と20行目（色の付いたセル）が相違点です。
- **Ⓖ** **数値**が負の数で**モード**を省略した場合です。切り上げのときは、**数値**より大きく、切り捨てのときは**数値**より小さく切り捨てられます。
- **Ⓗ** CEILING.MATH関数とFLOOR.MATH関数では、**基準値**に負の数を指定しても、[#NUM!] エラーが発生しなくなりました。

モード

任意の数値を指定します。**数値**が正の数の場合は、**モード**を省略しても、何らかの数値を指定しても同じ結果になります。

数値が正の場合

I =CEILING.MATH(B2,C2,D2)　J FLOOR.MATH(B2,C2,D2)

	A	B	C	D	E	F	G	H	I
1	No	数値	基準値	モード	CEILING.MATH	FLOOR.MATH			
2	5	100	8		104	96			
3	6	100	8	100	104	96			
4	7	100	8	5.5	104	96			
5	8	100	8	0	104	96			
6	9	100	8	1	104	96			
7	10	100	8	-1	104	96			
8	11	100	8	-10000	104	96			
9	12	100	-8	-1	104	96			
10	13	100	-8	1	104	96			
11	14	100	-8	0	104	96			
12									

モードに空白、プラス、マイナス、ゼロ、などを指定していますが、数値が正の場合は、すべて同じ結果になります。

IJ 数値は正の数（ここでは「100」）、基準値は、「8」または、「-8」とし、さまざまな値のモードを指定しています。

Memo

数値が正の数の場合は、モードを省略する

関数の読みやすさの視点から、引数はなるべく省略せずに指定することをおすすめしますが、CEILING.MATH／FLOOR.MATH関数は例外です。この関数の元祖にあたるCEILING／FLOOR関数は、既に広く認知され、利用頻度の高い関数の1つですし、上図で確認したように、数値が正の場合は、モードを指定しても何も作用しません。よって、数値が正の場合はモードを指定しない方がかえってわかりやすくなります。

数値が負の場合

	A	B	C	D	E	F	G
1	No	数値	基準値	モード	CEILING.MATH	FLOOR.MATH	
2	15	-100	8		-96	-104	
3	16	-100	8	1	-104	-96	
4	17	-100	8	-1	-104	-96	
5	18	-100	-8		-96	-104	
6	19	-100	-8	1	-104	-96	
7	20	-100	-8	-1	-104	-96	
8							

K

K 数値が負の場合、モードに0以外の何らかの値が指定されていると、符号に関係なく切り上げ、切り捨てが行われます。その結果、数値より小さく切り上げられたり、大きく切り捨てられたりします。

モードを指定するときは、数字を決めておく

モードは、数値が負の数のときだけ関数の結果に影響します。このとき、モードの値や符号は関係なく、たんに指定しているか、省略しているかの違いしか認識されていません。つまり、好きな数字を入力してよいことになりますが、気分で数字を変えると、あとで見返したときに疑問を抱くことになります。モードを指定するときは、「1」や「-1」などのわかりやすい数字の指定をおすすめします。

利用例1 切のよい時間を求める　　CEILING.MATH・FLOOR.MATH_1

小数を含む値が原因でときおり発生する計算誤差は、Excelのバージョンが変わってもそのままです (P.74、P.76)。ここでは整数化の方法で誤差を解消します。

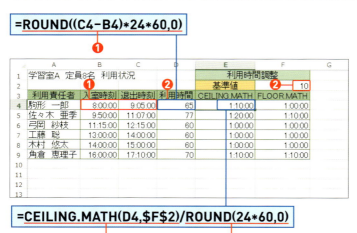

❶ 退出時刻から入室時刻を引いた時刻のシリアル値に「24*60」を掛けて分単位の整数にしていますが、セルの見た目は整数でも誤差を含んでいる可能性があります。そこで、ROUND関数を使って端数を処理し、桁数を揃えています。

❷ 整数化された利用時間と基準値から整数の切り上げ時間を求めています。F列のFLOOR.MATH関数では、切り捨て時間を求めています。

❸ ❶で整数化した「24*60」を割り戻すことで、単位がもとの時刻に戻ります。ここでもROUND関数を使って桁数を揃えています。

Section 17

分類 端数処理　基準値　四捨五入

MROUND

数値を指定した基準値に切り上げ・切り捨てる④

対応バージョン 2007/2010 2013

第1章 数学／三角関数

書式 =MROUND(数値,基準値)

数値を指定した基準値で割った余りが基準値の半分以上なら、数値を基準値の倍数になるように切り上げ、半分に満たなければ基準値の倍数になるように切り捨てます。　　注)基準値は本書での表記です。Excelでは、倍数と表記されています。

解説

MROUND関数は、数値を基準値で割った余りによってCEILING関数、または、FLOOR関数として動作する関数です。

=MOD(B3,50000)
買上累計額を5万で割った余りを求めています。

	A	B	C	D	E	F
1				買い物券対象額		
2	氏名	買上累計額	余り	MROUND	CEILING	FLOOR
3	春日　由香	325,536	25,536	350,000	350,000	300,000
4	菅野　葉月	289,551	39,551	300,000	300,000	250,000
5	諸富　祐子	188,415	38,415	200,000	200,000	150,000
6	吉本　沙織	200,319	319	200,000	250,000	200,000
7	※買上累計額5万円ごとに500円の買い物券をプレゼント					

=MROUND(B3,50000)
買上累計額を5万円単位に切り上げたり、切り捨てたりしています。

P.72と同様です。

上の図は、買上累計額を5万円単位になるように調整した例です。
5万円に満たない端数が5万円の半分である25000円以上の場合、MROUND関数はCEILING関数と同じ結果になります。同様に25000円未満の場合はFLOOR関数と同じ結果になります。

引数解説　　　　　　　　　　　　　　　　　　　　　　MROUND_0

数値

数値や数値の入ったセルを指定します。

基準値

切よくまとめたい単位となる数値、セルを指定します。
以下に示すように、**数値**、**基準値**の符号が互いに異なる場合や、論理値を利用した場合に、CEILING／FLOOR関数と異なる箇所があります。

	A	B	C	D	E	F
1	種別	数値	基準値	MROUND	CEILING	FLOOR
2	数値	100	8	104	104	96
3		−100	−8	−104	−104	−96
4		−100	8	#NUM!	−96	−104
5		100	−8	#NUM!	#NUM!	#NUM!
6	文字	あ	8	#VALUE!	#VALUE!	#VALUE!
7	ゼロ	100	0	0	0	#DIV/0!
8	空白	100		0	0	#DIV/0!
9	論理値	100	FALSE	#VALUE!	0	#DIV/0!
10		100	TRUE	#VALUE!	100	100

=MROUND(B2,C2)

CEILING／FLOOR関数と異なります。

利用例　発注単位に合わせた発注数を求める　　　　MROUND_1

備品管理の例です。備品を購入するときに、在庫が発注単位の半数を切ったら発注単位で購入します。

❶ 発注単位のセル [C3] と在庫のセル [B3] の差を**数値**に指定しています。在庫が少なくなるほど、差が大きくなり、発注単位に近づきます。

❷ 発注単位のセル [C3] を**基準値**に指定しています。在庫が発注単位の半数を切った備品のみ発注され、発注単位の半数以上の在庫が残っている備品は発注数が「0」となり、発注が見送られます。

第 2 章

統計関数

Section	18	COUNT／COUNTA
Section	19	COUNTBLANK
Section	20	COUNTIF
Section	21	COUNTIFS
Section	22	AVERAGE／AVERAGEA
Section	23	AVERAGEIF
Section	24	AVERAGEIFS
Section	25	MEDIAN
Section	26	MODE.SNGL (MODE)
Section	27	MODE.MULT
Section	28	MAX／MAXA
Section	29	MIN／MINA
Section	30	QUARTILE.INC (QUARTILE)
Section	31	PERCENTILE.INC (PERCENTILE)
Section	22	PERCENTRANK.INC (PERCENTRANK)
Section	33	FREQUENCY
Section	34	VAR.S (VAR)／VARA
Section	35	STDEV.S (STDEV)／STDEVA
Section	36	LARGE／SMALL
Section	37	RANK.EQ (RANK)

Section 18

分類　セルの個数

COUNT
COUNTA

指定したデータの個数を求める

対応バージョン　2007/2010/2013

書式
=COUNT(値1[,値2,…,値N]) $_{N=1～255}$
=COUNTA(値1[,値2,…,値N]) $_{N=1～255}$

COUNT 関数は、値N に含まれる数値の個数を求めます。COUNTA 関数は、値N に含まれる空白以外の値の個数を求めます。

解説

COUNT関数は値Nに指定されたデータのうち、数値の個数を数え、COUNTA関数は、空白以外のデータの個数を数えます。
下の図では、COUNTA関数で申込者数を求め、COUNT関数で受験者数を求めています。

=COUNTA(C3:C12)
申込者名を数えて、申込者数を求めています。

=COUNT(E3:E12)
得点欄の数値の個数から、受験者数を求めています。

このほか、COUNTA関数では、受付日を数えて申込者数を求めたり、出欠を数えて受験者数を求めたりすることもできます。数える目的に応じて値Nに指定するデータを適切に選択します。

引数解説　　　COUNT・COUNTA_0

値N

値の入ったセル、セル範囲を指定します。

以下の図は、**値N**の最も一般的な使い方です。COUNT関数も**値N**の指定方法は同じです。

A 連続するセルの値を数えるには、始点と終点のセルの間に「:(コロン)」を挟みます。

B 不連続のセルを数えるには、「,(カンマ)」で区切ります。

■ 値Nに指定できる値の種類と計数対象

COUNT関数とCOUNTA関数は数える対象が異なります。以下の図は値の種類と関数の計数対象です。ここでは、以下の種類の値が入ったセルを、**値N**に指定するものとします。

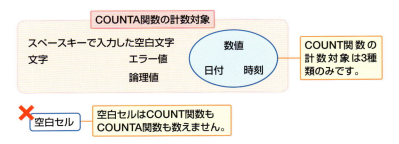

SUM関数やAVERAGE関数などの集計値や代表値を求める関数では、引数にエラー値が含まれると、戻り値もエラーになる場合が多いですが、COUNTA関数はエラー値も計数対象になります。

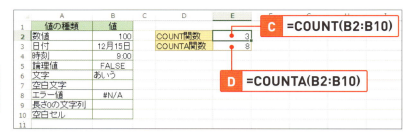

ⓒ さまざまな値の種類に対するCOUNT関数の戻り値です。数値、日付、時刻の3つが数えられます。

ⓓ ⓒと同様のCOUNTA関数の戻り値です。空白セル以外を数えます。

ⓒⓓより、セルに入力された論理値は値ではあるものの数値とは見なされていないことがわかります。

> **Q** 下の図のセル範囲 [C2:C5] を数えると、すべて空白なので「0」個になるはずなのに、0個にならないのはなぜですか？
>
> **A** データが入っていても、空白に見えるセルがあるためです。
>
> データが入っていても空白に見えるセルは、次のとおりです。
>
> ・数値の「0」を非表示にする設定をしたセル
> ・セルの塗りつぶしと値のフォントの色を同じ色に設定したセル
> ・空白（長さ0の文字列）になる数式が入ったセル
> ・スペースキーで入力した空白文字
>
> これらを見分けるには、空白に見えるセルをクリックして数式バーを確認します。数式バーに何も表示されていない場合は、F2キーを押し、カーソルの位置が左端でないときは、空白文字が入力されています。

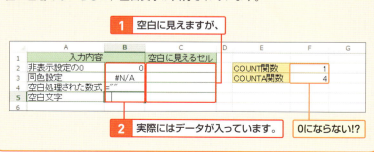

COUNT関数の値Nに直接、論理値を指定した場合

COUNT関数の値Nに論理値の入ったセルを指定した場合、数値とは見なされません（**CD**）。ところが、論理値を直接値Nに指定すると、数値と見なして「1」になります。もし、直接論理値を指定する使い方をする場合には注意してください。通常は、値Nにはセルを指定し、数値の入ったセルの個数を数えるという使い方をおすすめします。

利用例　複数のシートのデータを数える　　　　　　COUNT・COUNTA_1

複数のシートに入力されたデータを数えます。ここでは1組〜3組の人数を「3組」シートに集計しています。

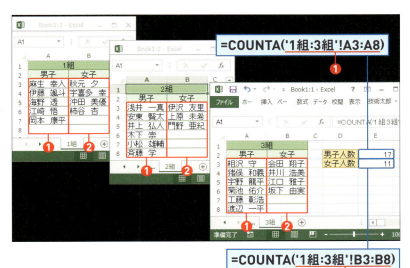

❶❷ 「'1組:3組'!」は「1組から3組シートの」を指定しています。空白は数えませんので、最も多く入力されている範囲に合わせてセル範囲を指定します。男子はセル範囲 [A3:A8]、女子はセル範囲 [B3:B8] です。

Section 19

分類 セルの個数

COUNTBLANK

空白セルの個数を求める

対応バージョン 2007/2010/2013

書式 =COUNTBLANK(範囲)

範囲に含まれる空白セルの個数を求めます。

解説

COUNTBLANK関数は、指定した範囲の空白セルの数を求めます。
下の図では、COUNTBLANK関数を利用して料金の未納付数を求めています。また同時にCOUNTA関数を利用して申込者名から申込者数を求め、COUNT関数を利用して検定料から納付済数を求めています。

上の例では、申込者数「7」から納付済数「4」を引いた「3」が未納付数であり、COUNTBLANNK関数の結果と一致します。

引数解説

COUNTBLANK_0

範囲

1つのセルまたはセル範囲を指定します。複数のセルやセル範囲を指定することはできません。

■ 範囲の計数対象

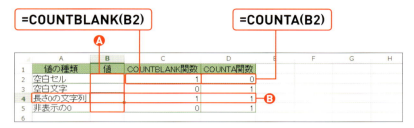

Ⓐ 空白セル（セル［B2］）と空白に見えるセル（セル［B2］以外）です。空白セル［B2］は範囲の計数対象です。

Ⓑ 空白処理に利用される長さ0の文字列「""」も範囲の計数対象です。空白以外のデータを数えるCOUNTA関数においても計数対象です。

利用例　空白処理した範囲のデータの個数を求める　　COUNTBLANK_1

15分未満の残業時間は長さ0の文字列になるように処理をした場合の、残業回数を求める例です。COUNTBLANK関数で空白セルを求め、勤務日数から空白セルの個数を引いて残業回数を求めます。

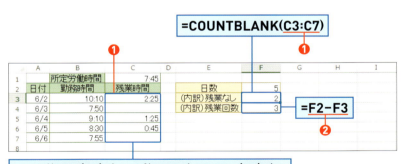

❶ 残業時間のセル範囲［C3:C7］を指定し、空白セルの数を求めています。

❷ セル［F4］に「=COUNTA(C3:C7)」と入力しても長さ0の文字列を数えるため、残業回数が求められません。そこで、日数のセル［F2］から❶で求めた空白セルの個数を引いて、残業回数を求めています。

Section 20

分類 セルの個数 条件

COUNTIF

1つの条件に合う
データ数を求める

対応バージョン 2007/2010/2013

書式 =COUNTIF(範囲,検索条件)

指定した**検索条件**を**範囲**の中で検索し、**検索条件**に一致したセルの個数を求めます。

解説

COUNTIF関数は、条件に合うデータの個数を求めます。指定できる条件は1つです。下の図は、定期契約を条件とし、条件に一致する契約人数を求めています。

1 「定期契約」の範囲から「レンジフィルター」を検索し、

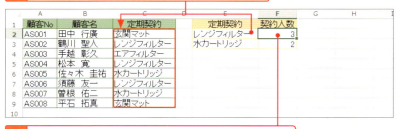

2 =COUNTIF($C$2:$C$9,E2)
「レンジフィルター」に一致するセルの個数を求めています。

検索条件を検索する**範囲**は常に同じセル範囲を検索するので、絶対参照を指定するケースが多くなります。なお、COUNTIF関数と類似の関数にSUMIF関数があります(P.28)。SUMIF関数は、COUNTIF関数にひと手間加えたイメージで、**範囲**で検索した**検索条件**に一致する**合計範囲**の数値を合計します。**検索条件**と**範囲**の指定方法は同じですので、一緒に確認すると、効率よく関数を覚えることができます。

引数解説　　　　　　　　　　　　　　　　　　　　　　　　　　COUNTIF_0

範囲

検索条件を検索するセル範囲です。よって、**範囲**は、**検索条件**と同じ種類のデータになります。

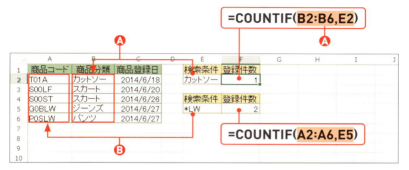

Ⓐ 検索条件が「カットソー」の場合、**範囲**には、「カットソー」と同種類のデータが入っている「商品分類」（セル範囲[B2:B6]）を指定します。

Ⓑ 検索条件が「*LW」の場合、**範囲**には、「*LW」と同種類のデータが入っている「商品コード」（セル範囲[A2:A6]）を指定します。なお、「*」はワイルドカードです（下記参照）。

検索条件

個数を求めるための条件を1つ指定します。条件を丸ごとセルに入力し、セル参照で**検索条件**を指定すると、セルの内容を変更するだけで条件が変えられます。

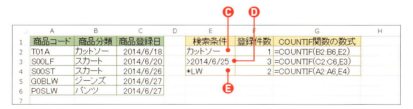

Ⓒ 検索する文字や数値を指定します。

Ⓓ 比較演算子（→P.324）を指定できます。「>2014/6/25」は2014/6/25より後の日を指します。**範囲**は商品登録日が該当しますので、2014/6/25よりあとの「2014/6/26」と「2014/6/27」が該当します。

Ⓔ ワイルドカード（→P.326）を指定できます。「*LW」は文字の最後に「LW」が付きます。**範囲**は、商品コードです。ここでは、「G0BLW」と「P0SLW」が該当します。

93

Q 検索条件のセルに「＊」や「＞」などを記述したくないのですが？
A 「"」と「&」を使って検索条件を指定します。

条件は検索条件に「"*LW"」「">2014/6/25"」のように直接指定できます。しかし、何の条件を指定したのか、毎回、関数を確認する必要があります。そこで、ワイルドカードや比較演算子は検索条件に直接指定し、検索データをセル参照にして、直接指定した部分とセル参照を「&（アンパサンド）」でつなぎます。

	A	B	C	D	E	F	G
1	商品コード	商品分類	商品登録日		検索条件	登録件数	COUNTIF関数の数式
2	T01A	カットソー	2014/6/18		2014/6/25	3	=COUNTIF(C2:C6,">"&E2)
3	S00LF	スカート	2014/6/20		LW	2	=COUNTIF(A2:A6,"*"&E3)
4	S00ST	スカート	2014/6/26				
5	G0BLW	ジーンズ	2014/6/27				
6	P0SLW	パンツ	2014/6/27				

利用例1　日付を条件にデータ数の推移を調べる　　　COUNTIF_1

日付を追いながら、イベントの申し込み状況の推移を調べる例です。日付が推移するごとに申込人数が累計されるしくみです。

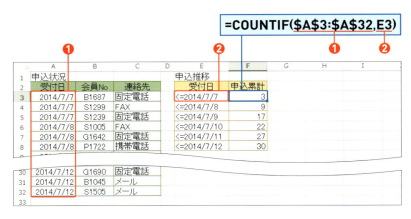

❶ 受付日を条件にしているので、範囲には受付日のセル範囲 [A3:A32] を絶対参照で指定します。絶対参照で指定するのは、数式をコピーしたときに範囲がずれないようにするためです。

❷ 検索条件の入ったセル [E3] を指定します。「<=受付日」とすることで、「受付日以前」が条件となり、日を追うごとに申込者が累計されるようにしています。

利用例2 重複データを検索する COUNTIF_2

顧客名簿の重複をチェックする例です。この例では、範囲に指定したセル範囲の1つを検索条件にします。たとえば、セル範囲[A3:A8]の中で、セル[A3]と同じデータは何件あるかということです。この場合、1件は必ず該当し、重複していれば、2件以上になります。ここでは、重複している場合を1件以上で表示したいので、最後に1を引いています。

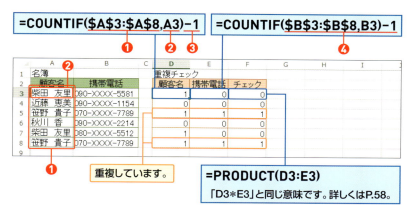

=COUNTIF($A$3:$A$8,A3)-1 =COUNTIF($B$3:$B$8,B3)-1

=PRODUCT(D3:E3)
「D3*E3」と同じ意味です。詳しくはP.58。

重複しています。

❶ 顧客名を条件にするので範囲は、セル範囲[A3:A8]を指定します。関数をコピーしたときに検索範囲がずれないように絶対参照を指定します。
❷ 顧客名のセル[A3]を検索条件に指定します。
❸ 範囲の中で検索条件を指定しているので、関数の戻り値は、必ず1以上になります。重複がない場合は0にしたいので、1を引いています。
❹ 携帯電話の重複も❶〜❸と同様です。

重複をチェックする項目

顧客名簿などの二重登録をチェックする場合、同性同名の可能性を考慮して別の項目もチェックします。このとき、住所は同じ地域に同性同名が存在する可能性がありますので、携帯電話番号、携帯メールアドレスなど本人と1対1に対応するような項目を含めるようにします。

Section 21

分類　セルの個数　複数条件

COUNTIFS

複数の条件に合う
データ数を求める

対応バージョン　2007/2010/2013

書式
**=COUNTIFS(検索条件範囲1,検索条件1
　　　　　　[,検索条件範囲N,検索条件N])** N=1〜127

指定した**検索条件**を**検索条件範囲**の中で検索し、**検索条件**に一致したセルの個数を求めます。**検索条件**と**検索条件範囲**は複数指定できます。

解説

COUNTIFS関数は、複数の条件を満たすデータの個数を求めます。条件を付けるほどデータが絞られ、該当数が減少します。下の図は、指定した定期契約と担当者に一致する件数です。片方の条件のみ満たす場合より該当数が少なくなります。

	A	B	C	D	E	F	G	H	I
1	顧客No	顧客名	定期契約	担当者		定期契約	担当者	契約人数	
2	AS001	田中 行廣	玄関マット	鈴木		レンジフィルター	鈴木	1	
3	AS002	鶴川 聖人	レンジフィルター	佐藤		レンジフィルター		3	
4	AS003	手越 彰久	エアフィルター	鈴木			鈴木	4	
5	AS004	松本 寛	レンジフィルター	横山					
6	AS005	佐々木 圭祐	水カートリッジ	佐藤					
7	AS006	須藤 友一	レンジフィルター	鈴木					
8	AS007	曽根 佑二	水カートリッジ	鈴木					
9	AS008	平石 拓真	玄関マット	佐藤					

=COUNTIFS(C2:C9,F2,D2:D9,G2)
定期契約「レンジフィルター」と担当者「鈴木」の両方に一致するデータ数を求めています。

引数解説

COUNTIFS_0

検索条件範囲N

検索条件Nを検索するセル範囲です。**検索条件範囲N**は、**検索条件N**と同じ種類のデータになります。また、**検索条件範囲N**と**検索条件N**はペアで指定します。

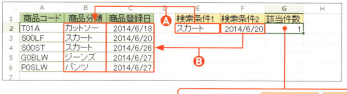

=COUNTIFS(B2:B6,E2,C2:C6,F2)

Ⓐ 検索条件1の「スカート」とペアの**検索条件範囲1**は「商品分類」のセル範囲[B2:B6]を指定します。

Ⓑ 検索条件2の「2014/6/20」とペアの**検索条件範囲2**は「商品登録日」のセル範囲[C2:C6]を指定します。

検索条件N

数える対象を絞るための条件を指定します。**検索条件N**の指定方法は、COUNTIF関数の**検索条件**と同じです。P.93をご覧ください。

利用例　指定した期間に該当するデータ数を求める　　COUNTIFS_1

以下は、指定した期間の面接希望者数を求める例です。

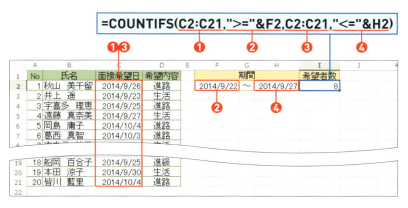

❶❷ **検索条件範囲1**と**検索条件1**はペアです。**検索条件1**は日付データなので、面接希望日のセル範囲[C2:C21]を指定します。**検索条件1**の「">="&F2」は、「2014/9/22以降」と解釈されます。

❸❹ **検索条件範囲2**と**検索条件2**はペアです。**検索条件2**も日付データなので、面接希望日のセル範囲[C2:C21]を指定します。**検索条件2**の「"<="&H2」は、「2014/9/27以前」と解釈されます。

Section 22

分類　平均　データ分布

AVERAGE
AVERAGEA

数値の平均を求める

対応バージョン　2007/2010/2013

書式
=AVERAGE(数値1[,数値2,…,数値N]) N=1～255
=AVERAGEA(値1[,値2,…,値N]) N=1～255

AVERAGE関数は、数値Nに含まれる数値の平均値を求めます。
AVERAGEA関数は、値Nに含まれる空白以外の平均値を求めます。

解説

平均値は、大小さまざまな数値を平らにならした値で、数値をすべて足し合わせて数値の個数で割った値です。下の図では、6/22～6/28までの7日間のうち、定休日を含まない6日分を対象にした1日あたりの売上平均をAVERAGE関数で求めています。また、定休日を含めた7日分を対象にした1日あたりの売上平均をAVERAGEA関数で求めています。

=AVERAGE(C3:C9)
売上金額の「定休日」を無視した6日分を対象に売上平均を求めています。

	A	B	C	D	E	F	G	H	I
1	商品A	価格	500		◎定休日を含めない売上平均				
2	日付	販売数量	売上金額		売上平均	15,000			
3	6月22日	50	25,000						
4	6月23日	20	10,000		★定休日を含めた売上平均				
5	6月24日	40	20,000		売上平均	12,857			
6	6月25日	定休日	定休日						
7	6月26日	15	7,500						
8	6月27日	25	12,500						
9	6月28日	30	15,000						
10	売上合計	180	90,000						
11									

=AVERAGEA(C3:C9)
7日分を対象に売上平均を求めています。

AVERAGE関数、AVERAGEA関数ともに、セル範囲は同じです。つまり、この2つの関数はデータの認識に違いがあるということです。

引数解説　　　　　　　　　　　　　　　AVERAGE・AVERAGEA_0

数値N

数値、及び、数値の入ったセルやセル範囲を指定します。

A =AVERAGE(B3:B5)　　**B** =AVERAGE(B3:C3,F3)

	A	B	C	D	E	F	G	H	I	J
1	成績一覧									
2	氏名	国語	数学	社会	理科	英語	国数英平均			
3	浅野　大我	80	欠席	85	65	90	85.00			
4	宇山　佳世	70	80	77	64	欠席	75.00			
5	斉藤　雄哉	75	70	93	63	60	68.33			
6	教科平均	75	75	85	64	75	75.00			

C

A 連続するセルの数値を指定するには、始点と終点のセルの間に「:（コロン）」を挟みます。

B 不連続のセルを指定するには、「,（カンマ）」で区切ります。

C 数値Nに含まれるセル参照の文字は無視されます。セル［C6］の「75」とは、「欠席」を除く、「80」点と「70」点の2名を対象にした1人あたりの数学の平均得点です。

値N

任意の値、及び、値の入ったセルやセル範囲を指定します。

D =AVERAGEA(B3:B5)　　**E** =AVERAGEA(B3:C3,F3)

	A	B	C	D	E	F	G	H	I	J
1	成績一覧									
2	氏名	国語	数学	社会	理科	英語	国数英平均			
3	浅野　大我	80	欠席	85	65	90	56.67			
4	宇山　佳世	70	80	77	64	欠席	50.00			
5	斉藤　雄哉	75	70	93	63	60	68.33			
6	教科平均	75	50	85	64	50	58.33			

F

D E **A** , **B** の関数名を「AVERAGE」から「AVERAGEA」に変更しています。指定しているセル範囲は同一です。

F 値Nに含まれる文字は「0」と見なされます。セル［C6］の「50」とは、「欠席」を「0」点とみなし、「80」点と「70」点の3名を対象にした1人あたりの数学の平均得点です。

■ 数値Nと値Nに指定された値の種類と計算対象

G エラー値を除く、No1～6の値の種類を対象にしたAVERAGE関数とAVERAGEA関数の結果です。

- AVERAGE関数の計算対象はNo1「100」とNo2「0」の2つの数値です。セル参照の空白文字（文字）、論理値、空白セルは無視されます。
- AVERAGEA関数の計算対象はNo6の空白セルを除く5個のデータです。空白文字（文字）と論理値「FALSE」は「0」、論理値「TRUE」は「1」と見なされます。

H No1～7を対象にしたAVERAGE関数とAVERAGEA関数の結果です。指定した範囲にエラー値を含んだ時点でエラーになります。

Q 平均値の計算が合わないのですが？
A 数値の「0」を非表示にする設定をしていたり、「0」のつもりで空白のままにしていないか確認します。

「0」を非表示にしている場合、数式バーに「0」が表示されているかどうか確認します。見た目は空白でも「0」と入力されていれば、計算対象になります。計算対象に含めたくない場合は、「0」が入力されたセルを Delete キーでクリアし、空白セルにする必要があります。
反対に、「0」のつもりで空白セルのままにしていると、計算対象から外れます。計算対象に含めたい場合は、空白セルに「0」を入力する必要があります。

SUM関数で平均値を求める

平均値は、平均を求めたいデータを足して、データ数で割った値です。
よって次の関係が成り立ちます。

$$\text{AVERAGE関数} = \frac{\text{SUM関数}}{\text{データ数}} \qquad \text{AVERAGEA関数} = \frac{\text{SUM関数}}{\text{空白を除くデータ数}}$$

データ数は、データ数の入ったセルを利用したり、SUM関数やCOUNT／COUNTA関数を利用して数えたりします。実は、求めたい平均値の内容によってはAVERAGE・AVERAGEA関数が利用できないケースがあります。その場合は、SUM関数とデータ数から求めます(利用例参照)。

利用例 データの平均値を求める　　　AVERAGE・AVERAGEA_1

1ヵ月あたりの平均値と1件あたりの平均値を求める例です。この表は1ヵ月ごとにまとめられていますので、1ヵ月単位の平均はAVERAGE関数で求められますが、1件ごとの金額はわかりません。契約金の合計を合計件数で割って1件あたりの平均を求める必要があります。

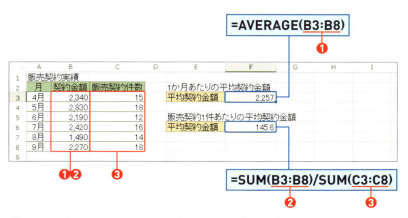

❶ 1ヵ月単位にまとめられた契約金額のセル範囲 [B3:B8] を指定しています。

❷ 1ヵ月単位にまとめられた契約金額のセル範囲 [B3:B8] を指定し、合計契約金額を求めています。

❸ 1ヵ月単位にまとめられた契約件数のセル範囲 [C3:C8] を指定し、合計契約件数を求めています。❷の合計契約金額を❸の合計契約件数で割ることにより、1件あたりの平均契約金額を求めています。

Section 23

分類　平均　条件

AVERAGEIF

1つの条件に合う数値の平均を求める

対応バージョン　2007/2010/2013

書式 =AVERAGEIF(範囲,検索条件[,平均対象範囲])

指定した**検索条件**を**範囲**の中で検索し、**検索条件**に一致したセルに対応する**平均対象範囲**の数値の平均を求めます。

解説

AVERAGEIF関数は、条件に合う数値の平均を求める関数で、指定できる条件は1つです。下の図は、成績一覧表をもとに、合格者平均点を求めています。

類似の関数にSUMIF関数があります（P.28）。SUMIF関数は、条件に合う数値の合計を求めます。上の図では、SUMIF関数で合格者の総得点を求めています。引数の指定を変えずに、関数名を入れ替えるだけで集計方法が変更できますので、SUMIF関数とセットで覚えると便利です。

引数解説　　　　　　　　　　　　　　　　　　　　　　　　　AVERAGEIF_0

範囲

検索条件を検索するセル範囲です。よって、**範囲**は、**検索条件**と同じ種類のデータを指定します。

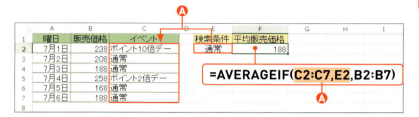

Ⓐ **検索条件**が「通常」の場合、**範囲**には、「通常」と同種類のデータが入っている「イベント」のセル範囲 [C2:C7] を指定します。

検索条件

平均を求める数値をピックアップするための条件を指定します。
セルにワイルドカードや比較演算子を入力したくない場合は、検索条件に直接指定する方法があります。P.31のQ&Aをご覧ください。

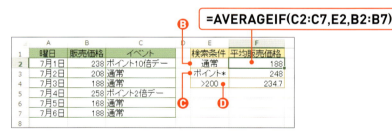

Ⓑ 検索する文字や数値を指定します。

Ⓒ ワイルドカード（→P.326）を指定できます。「ポイント＊」は「ポイント」ではじまり、任意の文字が続きます。ここでは、**範囲**にセル範囲 [C2:C7] を指定していますので、「ポイント10倍デー」と「ポイント2倍デー」が該当します。

Ⓓ 比較演算子（→P.324）を指定できます。「>200」は「200より大きい」です。**範囲**は販売価格のセル範囲 [B2:B7] を指定しています。よって、200円より高い販売価格の「238」「208」「258」が該当します。

103

> 平均対象範囲

実際に平均を求めるセル範囲ですので、数値の入ったセル範囲を指定します。また、範囲と1:1に対応するように指定するのが原則です。

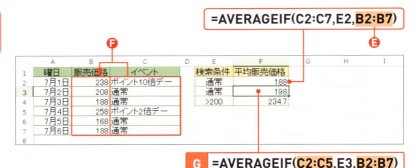

- **E** 数値の入ったセル範囲を指定します。指定した範囲の中に含まれる文字、論理値、空白は、無視されます。
- **F** 検索条件を検索する範囲が1列6行の場合、平均対象範囲も1列6行のセル範囲を指定します。
- **G** この式の範囲はセル範囲[C2:C5]で1列4行構成ですが、平均対象範囲のセル範囲は[B2:B7]で1列6行構成です。このように1:1に対応していなくてもエラーになりません。この場合は、範囲の構成に合わせて平均値が求められます。
ここでは、平均対象範囲を[B2:B5]と見なして平均値が求められています。

> Memo
>
> ### 範囲と平均対象範囲のセル構成を確認するには
>
> 範囲と平均対象範囲のセル構成が1:1に対応しているかどうかを確認するには、AVERAGEIF関数が入力されているセルをダブルクリックします。引数に指定したセルやセル範囲が色枠で囲まれるので、範囲と平均対象範囲の色枠が同じ形をしているかどうか確かめます。
>
>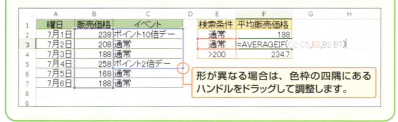
>
> 形が異なる場合は、色枠の四隅にあるハンドルをドラッグして調整します。

範囲と平均対象範囲が同じ場合

検索条件が「>200」の場合、下の図ように、範囲と平均対象範囲が同じセル範囲になります。このような場合は、平均対象範囲を省略して、「=AVERAGEIF(B2:B7,E4)」と記述できますが、無理に省略する必要はありません。むしろ、省略せずに記述した方がわかりやすいです。

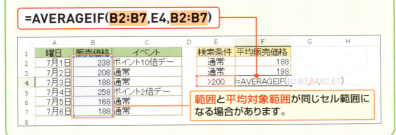

利用例 極端な値を除いた平均値を求める　　　　AVERAGEIF_1

マンションの平均販売価格(単位は万円)を求めます。ここでは、最上階の販売価格を除いた平均価格と全体の平均価格を求めます。

❶❸ 検索条件を検索する範囲と平均を求める平均対象範囲にはいずれもセル範囲[B2:E6]を指定します。

❷ 最上階の価格を除くため、検索条件に「"<9000"」と指定しています。

❹ AVERAGE関数で、最上階を含めた全体の平均価格を求めています。

全体の平均価格と最上階の2件を除いた平均価格の差は532万円です。たった2件でも平均価格が500万円以上押し上がることから、平均値は、他のデータと離れた値に影響を受けやすいことがわかります。

Section 24

分類　平均　複数条件

AVERAGEIFS

複数の条件に合う数値の平均を求める

対応バージョン　2007/2010/2013

書式 =AVERAGEIFS(平均対象範囲,条件範囲1,条件1 [,条件範囲N,条件N]) N=1～127

指定した条件Nを条件範囲Nの中で検索し、条件Nに一致したセルに対応する平均対象範囲のセルの数値を平均します。条件Nと条件範囲Nは複数指定できます。

解説

AVERAGEIFS関数は、複数の条件を満たす数値の平均を求めることができます。ライティング、リスニングとも70点以上を得点した人の平均年齢を求めています。

1 「ライティング」の「70以上」、「リスニング」の「70以上」を検索し、

2 =AVERAGEIFS(B2:B8,C2:C8,F3,D2:D8,G3)
両方とも70以上を満たす人の平均年齢を求めています。

類似関数にSUMIFS関数があります（P.36）。引数の指定を変えずに関数名を入れ替えると、条件に合う数値の合計が求められます。

引数解説 AVERAGEIFS_0

平均対象範囲

平均値を求める数値の入ったセル範囲を指定します。また、条件範囲Nと1:1に対応するように指定します。

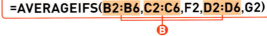

Ⓐ 数値の入ったセル範囲を指定します。指定した範囲に含まれる文字、空白、論理値は、無視されます。

Ⓑ 平均対象範囲に指定されたセル範囲の構成が1列5行の場合、条件範囲Nに指定するセル範囲の構成も1列5行にする必要があります。

> 平均対象範囲と条件範囲Nに指定したセル構成が異なると「#VALUE!」エラーが発生します。エラーの原因になったセル構成は、関数を入力したセルをダブルクリックし、色枠を表示させるとわかります。

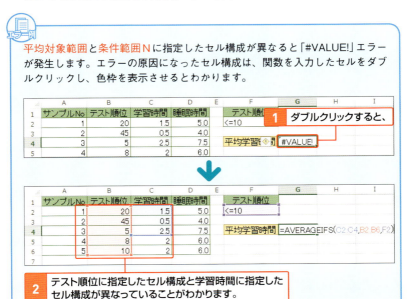

AVERAGEIF関数との比較

AVERAGEIFS関数で条件を1つだけ設定した場合は、AVERAGEIF関数と同じです。下の図は、前ページのエラー例と同じ例です。テスト順位が10位以内の平均学習時間を求めています。

C =AVERAGEIFS(C2:C6,B2:B6,F2)

D =AVERAGEIF(B2:B6,F2,C2:C6)

C AVERAGEIFS関数では、先に平均対象範囲を指定します。
D AVERAGEIF関数では、最後に平均対象範囲を指定します。
利用する引数は同じですが、指定する順序が異なります。

E =AVERAGEIFS(C2:C4,B2:B6,F2)

F =AVERAGEIF(B2:B6,F2,C2:C4)

E 前ページのエラー例にあるとおり、平均対象範囲と条件範囲のセル構成が異なると[#VALUE!]エラーが発生します。

F P.104の**G**にあるとおり、AVERAGEIF関数では平均対象範囲と範囲が異なる場合はエラーにならず、範囲のセル構成に合わせられます。ここでは、範囲がセル範囲[B2:B6]なので、平均対象範囲に[C2:C4]と指定されていてもセル範囲[C2:C6]と見なして計算されます。

条件範囲N **条件N**

条件Nを検索するセル範囲です。条件範囲Nは、条件Nと同じ種類のデータになります。また、条件範囲Nと条件Nはペアで指定します。条件Nの詳しい指定方法は、AVERAGEIF関数の検索条件（P.103）をご覧ください。

=AVERAGEIFS(B2:B6,**C2:C6,F2,D2:D6,G2**)
　　　　　　　　　　 Ⓖ　　　　　Ⓗ

Ⓖ 条件1の「>=1.0」（1.0以上）とペアになる条件範囲1は、「学習時間」（セル範囲[C2:C6]）です。

Ⓗ 条件2の「>=6.0」（6.0以上）とペアになる条件範囲2は、「睡眠時間」（セル範囲[D2:D6]）です。

利用例　複数の条件付き平均を表にまとめる　　AVERAGEIFS_1

SUMIFS関数の利用例と同じです（引数の指定方法はP.39）。関数名を変更するだけで平均利用価格として集計することができます。

=SUMIFS($D$2:$D$11,$B$2:$B$11,$F2,$C$2:$C$11,G$1)

	A	B	C	D	E	F	G	H	I	J
1	顧客No	性別	会員種別	利用金額		合計金額	ゴールド	シルバー		
2	1	男性	シルバー	45,600		男性	114,200	94,200		
3	2	男性	ゴールド	57,100		女性	227,500	69,700		
4	3	女性	ゴールド	77,200						
5	4	女性	シルバー	41,800		平均金額	ゴールド	シルバー		
6	5	男性	ゴールド	57,100		男性	57,100	31,400		
7	6	女性	ゴールド	79,800		女性	75,833	34,850		
8	7	男性	シルバー	13,500						
9	8	女性	シルバー	27,900						
10	9	女性	ゴールド	70,500						
11	10	男性	シルバー	35,100						
12										

=<u>AVERAGEIFS</u>($D$2:$D$11,$B$2:$B$11,$F2,$C$2:$C$11,G$1)
　❶

❶ 関数名を「SUMIFS」から「AVERAGEIFS」に変更しています。ここでは、2つの表の構成が全く同じですので、条件Nに指定する「ゴールド」「男性」などのセル参照も変更せずに関数名のみ変更しています。

Section 25

分類 中央値 データ分布

MEDIAN

データの中央値を求める

対応バージョン 2007/2010/2013

書式 =MEDIAN(数値1[,数値2,…,数値N]) N=1～255

MEDIAN 関数は、数値N に含まれる数値の中央値を求めます。

解説

中央値は、データを大きい順または小さい順に並べた時の中央の位置にある値です。データ数が偶数の場合は、中央の2つの数値の平均値を中央値とします。下の図は得点データの中央値と平均値を求めています。

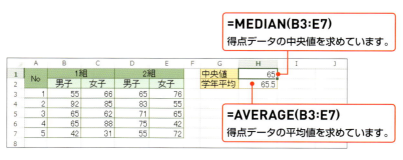

=MEDIAN(B3:E7)
得点データの中央値を求めています。

=AVERAGE(B3:E7)
得点データの平均値を求めています。

多くのデータがある場合、データを眺めていても何もわかりませんので、データ全体をひと言で表せる値を求めて、データ全体の特徴を捉えます。データをひと言で表す値のことを代表値といいます。
ここでは、引数を変えずに関数名を「MEDIAN」と「AVERAGE」にすることで、視点の違う2つの代表値を求めています。

引数解説

MEDIAN_0

数値N
数値、及び、数値の入ったセルやセル範囲を指定します。

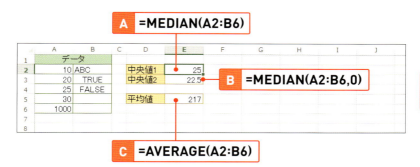

Ⓐ **数値N**に含まれるセル参照の文字、論理値、空白セルは無視されます。「10,20,25,30,1000」が対象となり、中央値は3番目の「25」です。

Ⓑ 離れたセルを指定する場合や値を個別に指定する場合は、「,（カンマ）」で区切ります。「10,20,25,30,1000」と「0」が対象です。データ数が6個です。データ数が偶数の場合の中央値は3番目「20」と4番目「25」の平均値「22.5」になります。

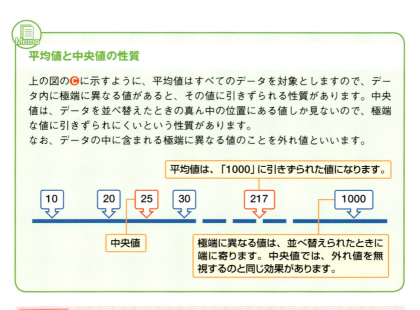

平均値と中央値の性質

上の図のⒸに示すように、平均値はすべてのデータを対象としますので、データ内に極端に異なる値があると、その値に引きずられる性質があります。中央値は、データを並べ替えたときの真ん中の位置にある値しか見ないので、極端な値に引きずられにくいという性質があります。
なお、データの中に含まれる極端に異なる値のことを外れ値といいます。

| 利用例 | データの代表値からデータ分布を類推する | MODE.MULT_1 |

P.116をご覧ください。

Section 26

分類　最頻値　データ分布

MODE.SNGL（MODE）

データの最頻値を求める

対応バージョン　MODE:2007/2010/2013　　MODE.SNGL:2010/2013

書式 =MODE.SNGL(数値1[,数値2,…数値N])　N=1〜255

MODE.SNGL 関数は、**数値N** に含まれる数値の中で、先に検索した最頻値を求めます。MODE 関数は MODE.SNGL 関数の互換関数です。

解説

MODE.SNGL（Excel 2007 以前は MODE）関数は、データ内で最初に検索された最頻値を求めます。最頻値は、指定した範囲内の最も多いデータで、データを見渡したときに、頻繁に目にとまる値です。下の図は、得点データの最頻値です。

=MODE.SNGL(B3:E7)
得点データの最頻値を求めています。

	A	B	C	D	E	F	G	H
1	No	1組		2組			最頻値	65
2		男子	女子	男子	女子		中央値	65
3	1	55	66	65	76		学年平均	65.5
4	2	92	85	83	55			
5	3	65	62	71	65			
6	4	65	88	75	42			
7	5	42	31	55	72			
8								

中央値=MEDIAN(B3:E7)
平均値=AVERAGE(B3:E7)

最頻値は、データの特徴を捉えるための代表値のひとつです。上の図のように、中央値（MEDIAN関数）や平均値（AVERAGE関数）などと一緒に求められることが多くなります。

引数解説　　　　　　　　　　　　　　　　　　　　　　　　MODE.SNGL_0

数値N
数値、及び、数値の入ったセルやセル範囲を指定します。

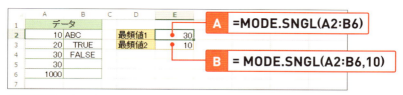

Ⓐ 数値Nに含まれるセル参照の文字、論理値、空白セルは無視されます。「10,20,30,30,1000」のうち、最も多く出現するデータは「30」です。

Ⓑ 離れたセルを指定する場合や値を個別に指定する場合は、「,(カンマ)」で区切ります。ここでは、「10,20,30,30,1000」と「10」が対象です。最も多く出現するデータは「10」と「30」ですが、先に検索された「10」が表示されます。

複数の最頻値が想定される場合

データ内に複数の最頻値があると考えられる場合、MODE.MULT関数を使います(P.114)。

最頻値の性質

最頻値は、データ内の最も頻繁に出現する値しか見ていませんので、外れ値の影響は受けません。

平均値、中央値、最頻値から類推されるデータの特徴

左ページの得点データでは、最頻値、中央値、平均値ともに、ほぼ65点です。データはさまざまな値をとりますが、データ分布の中心に65点があり、最も高くなっていると類推できます。右の図は、得点データをもとに作成したデータ分布です。類推どおり、データの中心と最頻値が60～70の範囲にあります。

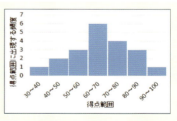

利用例　データの代表値からデータ分布を類推する　　MODE.MULT_1

P.116をご覧ください。

Section 27

分類　最頻値　複数　データ分布

MODE.MULT

データ内の複数の最頻値を求める

対応バージョン 2010/2013

書式

{=MODE.MULT(数値1[,数値2,…数値N])} N=1〜255

数値Nに含まれる数値の1つ以上の最頻値を求めます。この関数は配列数式で入力します。

解説

MODE.MULT関数を使うと、1つ以上の最頻値が求められます。データ内に含まれる最頻値の数はわからないので、結果を表示するセルを多めに選択しておくことが、この関数を利用する上でのコツです。

下の図は、日々変化する取引価格の最多価格を求めています。

1 最大4つの最頻値を表示できるように、セル範囲を選択しています。

	A	B	C	D	E	F	G	H	I	J
1	取引価格	月	火	水	木	金		最多取引価格		
2	第1週	476	495	496	526	501		476		
3	第2週	456	544	458	499	547		501		
4	第3週	529	530	545	450	541		#N/A		
5	第4週	476	491	463	477	501		#N/A		
6										

2 {=MODE.MULT(B2:F5)}

指定したセル範囲に、配列数式で関数を入力した結果、2つの最頻値が見つかりました。余ったセルには[#N/A]と表示されます。

引数解説

MODE.MULT_0

数値N

数値、及び、数値の入ったセルやセル範囲を指定します。

	A	B	C	D	E
1	データ			最頻値1	
2	10	ABC		30	
3	20	TRUE		30	
4	30	FALSE			
5	30			最頻値2	
6	1000			10	
7				30	
8					

A `{=MODE.MULT(A2:B6)}`

B `{= MODE.MULT(A2:B6,10)}`

ⓐ 数値の入ったセル範囲を指定します。指定した範囲に含まれる文字、空白、論理値は、無視されます。ここでは、「10,20,30,30,1000」のうち、最も多く出現するデータは「30」です。

ⓑ 離れたセルを指定する場合や値を個別に指定する場合は、「,（カンマ）」で区切ります。ここでは、「10,20,30,30,1000」と「10」が対象です。最も多く出現するデータは「10」と「30」です。

■ 最頻値の表示方法

上の図のⓐに示すように、複数の最頻値が表示できるようにセル範囲を選択したものの、データ内の最頻値が1つだった場合は、すべてのセルに同じ値が表示されます。

また、左ページに示すように、複数の最頻値が見つかったものの、最頻値を表示するセルが余った場合は、余った箇所に［#N/A］エラーが表示されます。

MODE.MULT関数の［#N/A］エラー

上の図のⓑは、［#N/A］エラーがありません。セルが余らず、ちょうどよかったように見えますが、もっとあるのではないかと疑問が残ります。MODE.MULT関数における［#N/A］エラーは、エラーというよりも「これ以上最頻値はありません」という証拠です。ⓑのように、セルが余らなかった場合は、結果を表示するセル範囲をさらに多くとって、再度MODE.MULT関数を入力し直してみることをおすすめします。

配列数式を入力するには

MODE.MULT関数など、一部の関数では、配列数式で入力しなくてはならない場合があります。配列数式で入力するときは、あらかじめ関数を入力するセル範囲を選択し、関数を確定するときに[Ctrl]+[Shift]+[Enter]キーを押します。詳しくはP.344を参照してください。

■ **セル範囲の選択方法**

関数を入力するセル範囲は縦方向に範囲をとります。横方向にとると、正しい結果が得られません。

	A	B	C	D	E	F	G	H	I
1	取引価格	月	火	水	木	金		最多取引価格	
2	第1週	476	495	496	526	501		476	
3	第2週	456	544	458	499	547		501	
4	第3週	529	530	545	450	541		#N/A	
5	第4週	476	491	463	477	501		#N/A	
6									
7	最多取引価格	476	476	476	476	476			

C 関数を入力するセル範囲を縦方向に取った場合です。複数の最頻値が表示されています。

D 関数を入力するセル範囲を横方向に取った場合です。最初に検索された最頻値のみ表示されます。

利用例　データの代表値からデータ分布を類推する　　MODE.MULT_1

代表値は、目的に沿って集められたデータの特徴をさまざまな視点で捉えるのに役立ちます。ここでは、習熟度別クラスの成績表を使って代表値を求めます。

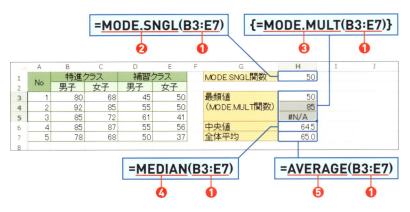

❶ 代表値を求めるデータは、特進クラス、補習クラスを合わせたセル範囲 [B3:E7] を指定します。このセル範囲は、各関数とも共通です。

❷ 指定したデータの最初に検索される最頻値を求めています。

❸ セル範囲 [H3:H5] を選択し、最大3つまで最頻値を表示できるようにして、指定したデータの複数の最頻値を求めています。❷で見つかった「50」以外に「85」も最頻値であるとわかります。セル [H5] には [#N/A] と表示されていますので、このデータの最頻値は2個であると確認できます。

❹ 指定したデータの中央値を求めています。データは偶数の20件ですので、中央の2つのデータの平均値を中央値（「64.5」）としています。

❺ 指定したデータの平均値を求めています。全体の平均点は65点です。

❷❸より、MODE.SNGL関数は、列方向に最頻値を検索していることがわかります。もし行方向に検索しているならば、「85」が先に見つかるはずだからです。

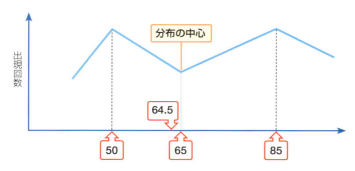

平均値と中央値がほぼ65点です。これは、65点の位置にデータ分布の中心があり、極端に離れた数値がないことを意味します。また、データ分布の山の頂上になるところが最頻値です。ここでは、50点と85点の2箇所にあります。これを簡略化して図にすると以下のように、2つのピークを持つ分布になると類推されます。

ここでは、習熟度別クラスという、明らかに得点層が分離しているデータを用いましたので、2層のデータが混ざった分布になりました。しかし、実際のデータはいろいろな値が混ざっていて層に分かれているかどうかはわかりません。そこで、さまざまな代表値を求めてデータ分布を類推し、どんな特徴を持つデータなのかを把握することになります。この意味で不要な代表値はありません。平均値は求めても無駄という声を耳にしますが、それはデータの特徴を平均値だけで捉えようとするためです。中央値と平均値の関係からは、データに外れ値があるかどうかがわかります。また、データ分布のピーク（最頻値）と平均値とのズレからデータ分布の偏り具合がわかります。

Section 28

分類 最大・最小 データ分布

MAX
MAXA

データの最大値を求める

対応バージョン 2007/2010/2013

書式
=MAX(数値1[,数値2,…,数値N]) N=1〜255
=MAXA(値1[,値2,…,値N]) N=1〜255

MAX関数は、**数値N**に含まれる数値の最大値を求めます。MAXA関数は、**値N**に含まれる空白以外の最大値を求めます。

解説

指定したデータ内の最大値を求めます。下の例は、各会場で開催される説明会の日程から最終日の日程を求めています。

=MAX(B3:D8)
開催日程のうち、最も遅い日程を求めています。

MAXA関数を利用しても同じ結果になります。

セルの見た目は日付ですが、Excelでは、1900年1月1日を「1」とする通し番号で日付を管理しています。これをシリアル値といいます。すなわち、後の日程ほど、通し番号(シリアル値)が大きな値になります。

引数解説

MAX・MAXA_0

数値N
数値、及び、数値の入ったセルやセル範囲を指定します。

値N
任意の値、及び、値の入ったセルやセル範囲を指定します。

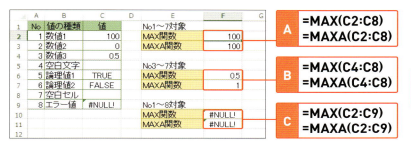

A No1～7の値を対象にした場合です。データ内に1より大きい値が含まれる場合は、MAX関数とMAXA関数は同じ結果になります。

B No3～7の数値「0.5」と空白文字、論理値、空白セルを対象にした場合です。

・MAX関数では、セル参照の文字（空白文字）、論理値、空白セルは無視しますので、最大値は数値の「0.5」です。
・MAXA関数はNo7の空白セルを無視する以外は、数値と見なされます。文字と論理値「FALSE」は「0」、論理値「TRUE」は「1」です。ここでの最大値は「TRUE」の「1」となります。

C No1～8を対象にした場合です。データ内にエラー値を含んだ時点で、データ内にあるエラーと同じエラーになります。

利用例　データの最大値を求める　　　MAX・MAXA_1

指定するデータの種類によって最大値の意味が変化します。

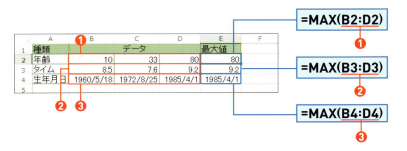

❶ 数値で入力された年齢の最大値は最高年齢です。
❷ 時刻で入力されたタイムの最大値は、最も遅いタイムです。
❸ 日付で入力された生年月日の最大値は最年少者の生年月日です。

Section 29

MIN
MINA

分類 最大・最小　データ分布

データの最小値を求める

対応バージョン 2007/2010/2013

書式
=MIN(数値1[,数値2,…,数値N])　N=1～255
=MINA(値1[,値2,…,値N])　N=1～255

MIN 関数は、**数値N** に含まれる数値の最小値を求めます。MINA 関数は、**値N** に含まれる空白以外の最小値を求めます。

解説

指定したデータ内の最小値を求めます。下の例では、成績表データに関し、最小値をはじめ、さまざまな代表値を求めています。

=MIN(B3:E7)
=MINA(B3:E7)
指定した範囲の最低点を求めています。

=MAX(B3:E7)
指定した範囲の最高点を求めています。

	A	B	C	D	E	F	G	H
1	No	1組		2組			最高点	92
2		男子	女子	男子	女子		最低点	31
3	1	55	66	65	76		MINA関数	0
4	2	92	85	83	55			
5	3	65	62	71	65		最頻値	65
6	4	65	88	75	欠席		中央値	65
7	5	42	31	55	72		学年平均	66.7
8								

最頻値（P.112）
中央値（P.110）
平均値（P.98）

MIN関数とMAX関数から、最低点は31点、最高点は92点であり、全員の成績は、最高点と最低点の間に入ることがわかります。これもデータの特徴のひとつですので、最大値と最小値は、代表値です。

上の図では、MIN関数とMINA関数には同じセル範囲を指定していますが、結果が異なります。これは、MIN関数とMINA関数ではデータの認識に違いがあるということです。なお、MAX関数／MAXA関数とMIN関数／MINA関数は、互いに逆の機能ですので、一緒に確認されることをおすすめします。

引数解説　　　　　　　　　　　　　　　　　　　　　　　　　　　　　MIN・MINA_0

数値N

数値、及び、数値の入ったセルやセル範囲を指定します。

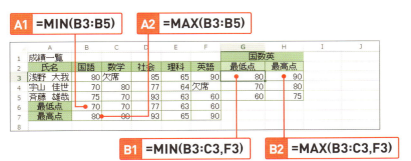

A1 連続するセルの数値を指定するには、始点と終点のセルの間に「:（コロン）」を挟みます。

B1 不連続のセルや値を直接指定するには「,（カンマ）」で区切ります。

A2 B2 関数名を「MIN」から「MAX」にすると、関数の結果をデータ内の最大値が求められます。

A1 A2 B1 B2 セル参照の文字、論理値、空白セルは無視されます。

値N

任意の値、及び、値の入ったセルやセル範囲を指定します。
以下の図は、上の図と同じ例です。

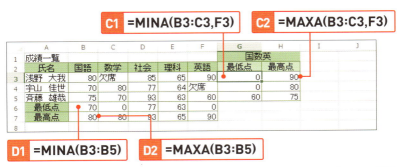

C1 D1 関数名を「MIN」から「MINA」に変更しています。MINA関数では、値Nに含まれる文字は「0」と見なされるため、最低点が「0」になります（**C1**）。

C2 D2 関数名を「MAX」から「MAXA」に変更しています。関数名を変更しても結果は同じです。

■数値Nと値Nの計算対象

	A	B	C	D	E	F	G
1	No	値の種類	値		No1～7対象		
2	1	数値1	100		MIN関数	-0.01	
3	2	数値2	-0.01		MINA関数	-0.01	
4	3	数値3	0.5				
5	4	空白文字			No3～7対象		
6	5	論理値1	TRUE		MIN関数	0.5	
7	6	論理値2	FALSE		MINA関数	0	
8	7	空白セル					
9	8	エラー値	#VALUE!		No1～8対象		
10					MIN関数	#VALUE!	
11					MINA関数	#VALUE!	
12							

E =MIN(C2:C8) / =MINA(C2:C8)
F =MIN(C4:C8) / =MINA(C4:C8)
G =MIN(C2:C9) / =MINA(C2:C9)

E No1～7の値を対象にした場合です。データ内に0より小さい値が含まれる場合は、MIN関数とMINA関数は同じ結果になります。

F 数値「0.5」と空白文字、論理値、空白セルを対象にした場合です。

- MIN関数では、セル参照の空白文字（文字）、論理値、空白セルは無視します。ここでは、数値の「0.5」が最小値です。
- MINA関数はNo7の空白セルを無視する以外は、数値とみなされます。空白文字（文字）と論理値「FALSE」は「0」、論理値「TRUE」は「1」です。ここでの最小値は「FALSE」と空白文字の「0」となります。

G No1～8を対象にした場合です。データ内にエラー値を含んだ時点で、データ内にあるエラーと同じエラーになります。

MINA関数と最小値

MINA関数はデータ内の数値がすべて0より大きく、かつ、データ内に文字や論理値が含まれている場合、最小値は常に「0」になります。文字や論理値の含まれるデータで、数値の最小値を求めたいときはMIN関数を利用します（**F**）。

論理値の直接指定

MIN／MAX関数ではセル参照の論理値は無視しますが、直接指定は無視しません。[TRUE]は「1」、[FALSE]は「0」と見なされます。MINA／MAXA関数はセル参照も直接指定も無視しません。

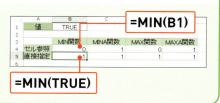

利用例1　データの最小値を求める　　　MIN・MINA_1

指定するデータの種類によって最小の意味が変化します。

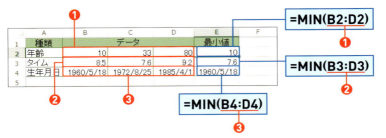

❶ 数値で入力された年齢の最小値は最年少の年齢です。
❷ 時刻で入力されたタイムの最小値は、最も早いタイムです。
❸ 日付で入力された生年月日の最小値は最年長者の生年月日です。

利用例2　データが上限値を超えないように調整する　　　MIN・MINA_2

支給できる上限金額が決まっている場合の申告額に対する支給額を求めます。申告額が上限額に満たない場合は、全額支給されますが、申告額が上限額を超えてしまった場合は、上限額にカットします。

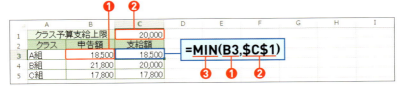

❶ 申告額のセル [B3] を**数値1**に指定しています。
❷ 支給上限額のセル [C1] を絶対参照で**数値2**に指定します。
❸ 申告額と支給上限額の少ない方（数値の小さい方）を選択しています。

データが下限値を下回らないようにするには

利用例2と逆です。よって、MIN関数と逆の機能を持つMAX関数を利用します。利用例2が上限額でなく、最低2万円を支払う下限額を求める場合は、関数名をMINからMAXに変更します。A組とC組は2万円が支給され、B組は申告通りの21800円を支給されることになります。

Section 30

分類 四分位数 最大・最小 データ分布

QUARTILE.INC (QUARTILE)

データの四分位数を求める

対応バージョン QUARTILE:2007/2010/2013 QUARTILE.INC:2010/2013

書式 =QUARTILE.INC(配列,戻り値)

配列に指定したデータの四分位数を求めます。四分位のどの位置の値を求めるかは戻り値で指定します。QUARTILE関数はQUARTILE.INC関数の互換関数です。

解説

データ内の数値を小さい順に並べ替えて4等分したときの分割位置を四分位点といい、四分位点の位置にあるデータを四分位数といいます。以下に、小さい順に並べた17個のデータを示します。4等分した位置にあるデータが四分位数です。

	A	B	C	D	E	F	G	H	I	J	K	L	M	N	O	P	Q	R
1	四分位点	最小				第1				第2(中央)				第3				最大
2	順番1	1	2	3	4	5	6	7	8	9	8	7	6	5	4	3	2	1
3	順番2	1	2	3	4	5	4	3	2	1	2	3	4	5	4	3	2	1
4																		
5	データ	13	16	19	37	38	49	50	54	69	78	80	89	90	91	93	94	98
6																		
7	戻り値	四分位数
8	0	13	最小
9	1	38	第1
10	2	69	第2
11	3	90	第3
12	4	98	最大

=QUARTILE.INC($B$5:$R$5,A8)
指定したデータの四分位数を求めています。

上の図の2行目の「順番1」では、左右どちらから数えても9番目になる位置を示しています。ここは、中央の位置であり、第2四分位点(2番目/4分割)といいます。3行目の「順番2」では、中央の位置でデータを左右に分割し、9個のデータを対象に、左右どちらから数えても5番目になる位置を示しています。この位置が第1,第3四分位点です。

このように、QUARTILE.INC関数は、数値の小さい順にデータを並べたときの最初と真ん中と最後の値に加えて、最初と真ん中の合間にある中間点と、真ん中と最後の合間にある中間点の値を求めるときに使います。

引数解説　　　　　　　　　　　　　　　　　　　　　　　　QUARTILE.INC_❶

配列

数値の入ったセル範囲を１箇所のみ指定します。

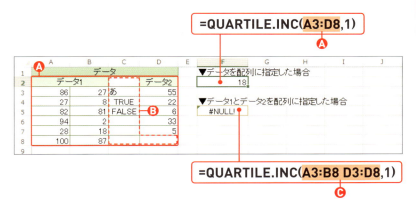

Ⓐ 連続して入力されている、ひとかたまりのセル範囲を指定します。左ページでは、解説用に数値を並べ替えたデータを示していますが、データは小さい順に並んでいる必要はありません。
Ⓑ 配列に含まれる文字、論理値、空白セルは無視されます。なお、エラーは無視されません。エラーを無視したい場合は、AGGREGATE関数を利用します（P.56）。
Ⓒ 離れたセルを配列に指定することはできません。上の図のように半角スペースを空けて指定すると［#NULL!］エラーになります。

Q 離れたデータは「,」（カンマ）で区切ればよいのではありませんか？
A QUARTILE.INC関数にない第3引数まで指定することになり、「多すぎる引数が指定されている」旨のエラーメッセージが表示されます。

多くの関数で「離れたセルを指定するには「,」（カンマ）で区切ります。」と書かれているのを見かけますが、このような関数は、あらかじめ、複数のセルやセル範囲が指定できるように引数が準備されています（たとえば、SUM関数、AVERAGE関数などがあります）。
QUARTILE.INC関数は、見た目上、数値の入ったセル範囲を指定しますが、あくまでも配列を指定しています。配列とは、連続して（途切れなく）入力されているひとかたまりのデータです。よって、複数のセル範囲は指定できず、１箇所だけ指定することになります。

戻り値

0～4のいずれかの整数を指定します。

=QUARTILE.INC($A$2:$B$7,E2)
Ⓓ

	A	B	C	D	E	F
1	データ			四分位点	戻り値	四分位数
2	10	35		最小値	0	10
3	15	40		第1四分位	1	22.5
4	20	45		第2四分位(中央値) Ⓓ	2	32	Ⓖ
5	25	50		第3四分位	3	42.5
6	30	55		最大値	4	55
7	32				-1	#NUM!	Ⓔ
8					5	#NUM!
9					2.9	32	Ⓕ

Ⓓ **戻り値**「0」はデータ内の最小値で、MIN関数と同様です（P.120）。また、**戻り値**「2」はMEDIAN関数（P.110）、戻り値「4」はMAX関数（P.118）と同様です。

Ⓔ **戻り値**に0～4まで以外の値を指定すると［#NUM!］エラーになります。

Ⓕ **戻り値**に0～4以内の小数を含む値を指定すると、小数点以下が切り捨てられた整数として認識されます。
　ここでは、「2.9」は「2」と認識され、第2四分位（中央値）が求められます。

■ **データの補完**

上の図のⒼに示すように、第1四分位数「22.5」や第3四分位数「42.5」はもとのデータ（セル範囲［A2:B7］）にありません。この場合は、前後のデータから四分位点の位置に相当する値を補完して表示します。補完とは、欠けているところを補うということです。上の図の場合は、次に示すように、第1四分位点と第3四分位点がデータとデータの合間にあります。

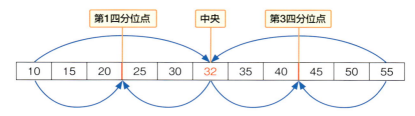

利用例 データの四分位数を求める　　QUARTILE.INC_1

同じ目的で集められた数値データがあれば、四分位数を求めることができます。数値は、価格（金額）、測定データ（身長、体重、製品寸法）などさまざまな値が考えられます。以下は、得点データの例です。

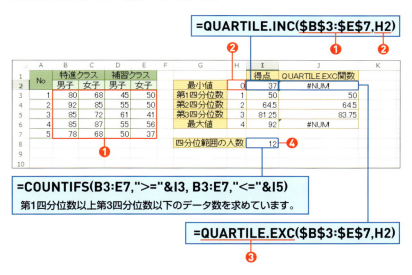

① 得点データのセル範囲 [B3:E7] を絶対参照で配列に指定しています。
② 戻り値はセル [H2] から [H6] に入力しています。
③ 関数名を「QUARTILE.EXC」に変更した場合です。戻り値のとり得る範囲が異なり、1～3までです。戻り値のとり得る範囲が異なるため、同じ戻り値を指定しても補完された値に違いが出る場合があります。
④ COUNTIFS関数（P.96）を利用して第1四分位数から第3四分位数の範囲（四分位範囲という）に入るデータ数を求めています。四分位範囲は、データ中央の前後1/4ずつの範囲です。このデータの場合、20人中12人が四分位範囲に入るとわかります。

QUARTILE.INC関数とQUARTILE.EXC関数

関数名の末尾の「INC」と「EXC」が異なる類似関数です。QUARTILE.EXC関数もデータの四分位数を求めますが、指定できる戻り値は1～3です。0や4を指定すると [#NUM!] エラーになります（上の図参照）。

Section 31

分類　百分位数　四分位数　最大・最小　データ分布

PERCENTILE.INC (PERCENTILE)

データの百分位数を求める

対応バージョン　PERCENTILE:2007/2010/2013　PERCENTILE.INC:2010/2013

書式　=PERCENTILE.INC(配列,率)

配列に指定したデータの百分位数（パーセンタイル値）を求めます。百分位のどの位置の値を求めるかは率で指定します。PERCENTILE 関数は PERCETILE.INC 関数の互換関数です。

解説

データを小さい順に並べて百等分にし、百等分したときの分割位置を百分位点、百分位点の位置にあるデータを百分位数といいます。
PERCNTILE.INC関数は、0％～100％で指定した百分位点の百分位数を求めます。下の例では給与データの百分位数を求めています。

=PERCENTILE.INC($A$2:$E$8,G2)
給与データから指定した百分位点にあるデータを求めています。

類似の関数にQUARTILE.INC関数があります（P.124）。こちらは、データを小さい方から並べて4等分にした四分位数を求めます。PERCENTILE.INC関数では、25％が第1四分位点、50％が第2四分位点、75％が第3四分位点に相当します。

引数解説　　　　　　　　　　　　　　　　　　　　PERCENTILE.INC_0

配列

数値の入ったセル範囲を1箇所のみ指定します。

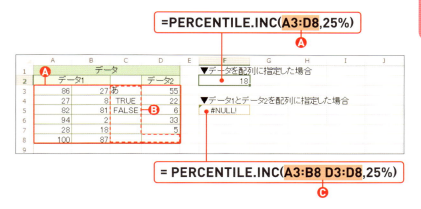

Ⓐ 連続して入力されている、ひとかたまりのセル範囲を指定します。
Ⓑ 配列に含まれる文字、論理値、空白セルは無視されます。
Ⓒ 離れたセルを配列に指定することはできません。上のように、半角スペースを空けて指定すると［#NULL!］エラーになります。また、「,」（カンマ）で区切って指定することもできません。理由はQUARTILE.INC関数と同様です。P.125のQ&Aをご覧ください。

率

0%～100%、または、0～1の値を指定します。

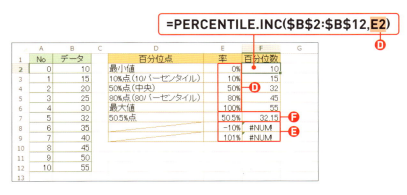

129

- **D** 率には0%～100%までの任意の値が指定できます。百分位点のことをパーセンタイルともいい、百分位数のことをパーセンタイル値ともいいます。
- **E** 率に0%～100%以外の値を指定すると［#NUM!］エラーになります。
- **F** 率に指定した値がもとのデータにない場合は、前後のデータを利用して補完します（P.126）。

配列内のセルにエラーが発生している場合

配列内のエラーは無視されず、同じエラーが表示されます。エラーを無視したい場合は、AGGREGATE関数を利用します（P.56）。

PERCENTILE.INC関数と類似関数

PERCENTILE.INC関数の率に「0%」とするとデータの最小値が求められますが、データの最小値はMIN関数で求めることもできます。下の図に示すように、PERCENTILE.INC関数はいくつかの関数の機能を内包した関数です。

PERCENTILE.INC関数とPERCENTILE.EXC関数

関数名末尾の「INC」と「EXC」が異なるだけの類似関数です。PERCENTILE.EXC関数もパーセンタイル値を求めますが、指定できる率の範囲が異なります。PERCENTILE.INC関数では、0%以上100%以下ですが、PERCENTILE.EXC関数では、0より大きく100%未満です。また、率のとり得る範囲が異なるため、同じパーセンタイルでも補完された値が異なる場合があります。

利用例 データのパーセンタイル値を求める　　PERCENTILE.INC_1

同じ目的で集められた数値データがあれば、百分位数を求めることができます。QUARTILE.INC関数と同様に、数値は、価格（金額）、測定データ（身長、体重、製品寸法）などさまざまな値が考えられます。以下は身長データの例です。

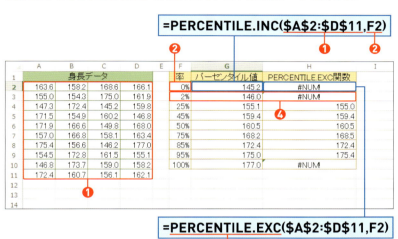

❶ 身長データのセル範囲［A2:D11］を絶対参照で配列に指定しています。
❷ 率はセル［F2］から［F10］に入力しています。
❸ 関数名を「PERCENTILE.EXC」に変更した場合です。率に含まれない0％と100％は［#NUM!］エラーが表示されています。
❹ PERCENTILE.EXC関数において、率に含まれるはずの2％で［#NUM!］エラーが発生しています。PERCENTILE.EXC関数では、前後のデータを用いてデータの補完ができなかった場合も［#NUM!］エラーになります。

百分位数は、四分位数に比べて細かくデータの位置を指定できますので、自分の身長が大体どのくらいの位置にあるのかを逆算的に調べることもできます。たとえば、自分の身長が「165.0」の場合、50パーセンタイル値は「160.5」（セル［G6］）です。また、75パーセンタイル値は、「168.2」（セル［G7］）です。よって、身長「165.0」は50～75パーセンタイルの合間にあると推測できます。

Section 32

PERCENTRANK.INC (PERCENTRANK)

データの位置を百分率で求める

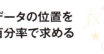

対応バージョン　PERCENTRANK:2007/2010/2013　PERCENTRANK.INC:2010/2013

書式 =PERCENTRANK.INC(配列,x[,有効桁数])

指定した x の値が配列内のデータのどの位置にあるのかを百分率で表示します。必要に応じて有効桁数を指定します。PERCENTRANK 関数は PERCETNTRANK.INC 関数の互換関数です。

解説

集められたデータの最小値を0、最大値を1に換算し、指定した値が、データ内の0～1のどこに相当するのかを示す関数です。言い換えると、小さい方から数えた順位を百分率で表す関数です。

下の例は、集められた給与データの最小値を0、最大値を1と換算したとき、自分の給与は、0～1のどこに位置するのかを求めています。

=PERCENTRANK.INC(A2:E8,H1)
自分の給与が給与データ内のどの位置にあるのかを百分率で求めています。

なお、PERCENTRANK.INC関数と逆の機能を持つのがPERCENTILE.INC関数です（P.128）。

引数解説　　PERCENTRANK.INC_0

配列
数値の入ったセル範囲を１箇所のみ指定します。具体的な指定方法は、P.129の PERCENTILE.INC関数ⒶⒷⒸをご覧ください。

X
配列に指定したデータと同種類のデータを１つ指定します。

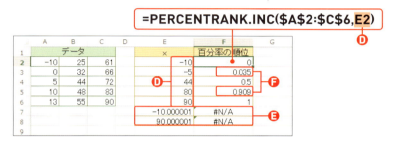

- Ⓓ Xには配列の最小値から最大値の範囲内の数値を指定します。
- Ⓔ Xに配列のデータ範囲外の数値を指定すると［#N/A］エラーになります。
- Ⓕ Xに指定した値が配列にない場合は、前後のデータを利用して補完します（P.126）。

有効桁数
省略可能です。省略時は、小数点以下第３位まで計算します。

- Ⓖ 小数点以下第何位まで表示するかを指定します。
- Ⓗ 空白セルや１未満の値を指定すると［#NUM!］エラーになります。

引数[有効桁数]と関数の結果表示について

有効桁数とは、測定データの数値をどの桁まで信用するかということです。詳細は省きますが、1未満の数値の有効桁数は、最初に0ではない数字が出てきてから末尾までの桁数です。このとき有効桁数に数えられた数字は有効数字といいます。すると、前ページの図は指定した有効桁数と表示された結果の有効桁数が合っています。ところが、xを「-40」に変更すると、次のように表示されます。

	A	B	C	D	E	F	G
1	データ				x	有効桁数	百分率の順位
2	-50	10	60		-40	1	0
3	-40	20	70		-40	2	0.07
4	-30	30	80		-40	3	0.071
5	-20	40	90		-40	4	0.0714
6	-10	50	99				

本来の意味の有効桁数と1桁ずつずれています。

たとえば、有効桁数を2と指定した場合、百分率の順位は「0.070」と表示されなくてはなりません（有効数字は70、その桁数は2です）。よって、指定した有効桁数を正しく表示させたい場合は、セルの表示形式を設定する必要があります。とはいえ、Excelには小数点以下の表示桁数を指定する機能はあっても、有効桁数を指定する機能はありません。表示したい有効桁数になるように、小数点以下の表示桁数を調整する必要があります。

データと有効桁数

有効桁数は数値をどの桁まで信用するかということですので、元のデータより多い有効桁数で値を表示しても意味がありません。上の図では、有効桁数3桁以上の表示は無意味です。しかし、一般に、有効桁数は、測定器で計測されたデータに対して適用します。テストの得点など、大体の位置がわかればよいデータの場合は気にする必要はありません。たとえば、テストで56点を取った人が、平均点「58」、「58.3」、「58.34」といった桁数の異なる数値を見ても、平均より少し悪かったという結論は変わらないためです。

PERCENTRANK.INC関数とPERCENTRANK.EXC関数

関数名末尾の「INC」と「EXC」が異なるだけの類似関数です。PERCENTRANK.INC関数は最小値を0、最大値を1に換算して指定したxの位置を0〜1の範囲で表示しますが、PERCENTRANK.EXC関数は、0と1がカットされます。つまり、最小値であっても0より大きく表示され、最大値も1より小さく表示されます。

利用例 指定したデータの配列内での位置を求める　PERCENTRANK.INC_1

以下は身長データの例です。身長データは測定データですので、厳密には有効桁数を考慮すべきデータです。この例では、有効桁数4桁でデータが測定されています。

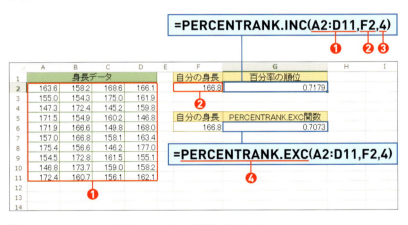

❶ 身長データのセル範囲 [A2:D11] を**配列**に指定しています。
❷ **x**はセル [F2] を指定します。
❸ **有効桁数**に「4」を指定しています。ここでは、百分率の順位が「0.7179」となり、ここでは、関数の結果も有効桁数が4桁で表示されました。指定した有効桁数と異なった桁数で表示されたときに、有効桁数と合わせたい場合は、小数点以下の表示桁数を調整します。
❹ 関数名を「PERCENTRANK.EXC」に変更した場合です。取り得る値の範囲が0より大きく1より小さいので、PERCENTRANK.INC関数の結果と同じ値にはなりません。

Section 33

分類 度数 データ分布

FREQUENCY

データの度数を求める

対応バージョン 2007/2010/2013

書式 {=FREQUENCY(データ配列,区間配列)}

データ配列の各データを区間配列にグループ分けし、同じグループ（区間）に入ったデータ数を求めます。この関数は配列数式で入力します。

解説

データを、指定した間隔に区切った数値グループ（区間）に振り分け、同じ区間に入ったデータ数を求める関数です。個別に見ていてはわからないデータの特徴を捉えるのに役立ちます。同じ区間に入ったデータ数を度数といい、各区間の度数をまとめた表を度数分布表といいます。

下の例は、100点満点の成績データを10点ごとにグループ分けしたときの度数を求めています。成績データは40件です。

1 成績データの各値が、　**2** 該当する区間に分類され、

	A	B	C	D	E	F	G	H	I	J	K	L
1		成績データ					区間	度数	区間の範囲			
2	44	42	56	45	19		10	0	10以下			
3	54	51	50	44	61		20	1	10より大、20以下			
4	38	62	53	51	61		30	1	20より大、30以下			
5	28	69	45	36	43		40	5	30より大、40以下			
6	62	76	44	57	36		50	11	40より大、50以下			
7	53	65	51	60	57		60	12	50より大、60以下			
8	52	49	62	65	49		70	9	60より大、70以下			
9	38	38	55	64	42		80	1	70より大、80以下			
10							90	0	80より大、90以下			
11							100	0	90より大、100以下			
12												
13												

3 **{=FREQUENCY(A2:E9,G2:G11)}**
同じ区間に入るデータ数（度数）を求めています。

引数解説

FREQUENCY_0

データ配列

数値の入ったセル範囲を1箇所指定します。

ⒶⒷ 連続して入力されている、ひとかたまりのセル範囲を指定します。

Ⓐ データ配列に数値のみのセル範囲 [A2:B6] を指定しています。

Ⓑ データ配列に文字、論理値、空白セルを含むセル範囲 [A2:C6] を指定していますが、Ⓐと度数が一致しています。したがって、データ配列内に含まれる文字、論理値、空白セルは無視されます。

> **Memo**
>
> **データ配列内のセルにエラーが発生している場合**
>
> データ配列内のエラーは無視されず、度数を求めることができません。この場合は、IFERROR関数（P.286）などを利用して、データ配列で無視される文字や空白セルに置き換える必要があります。

区間配列

区間の上限値が入ったセル範囲を指定します。

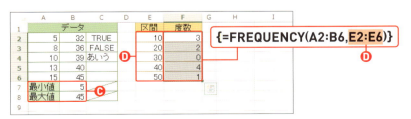

C **区間配列**に指定するデータ区間を決めるために、**データ配列**内のデータの最小値と最大値を把握しておきます。最小値はMIN関数（P.120）、最大値はMAX関数（P.118）で求めることができます。

D データ区間の上限値を入力します。たとえば、先頭のセル［E2］は、「10」以下、セル［E3］の「20」は、1つ前のセル［E2］の「10」より大きく、20以下の範囲になります。

Cより、**データ配列**内のデータは5以上45以下の範囲に収まっています。ここでは、区間を10ごとに分け、区間の最大値を「50」にすることで、最小値から最大値までをカバーしています。

度数を区間配列より1つ多くとる指定方法

下の図に示すように、度数を求めるセル範囲を区間配列より1つ分多くとることで、区間配列の最大値を超える度数を求めることができます。

{=FREQUENCY(A2:B6,D2:D5)}

	A	B	C	D	E	F
1	データ			区間	度数	
2	5	32		10	=FREQUE	
3	8	36		20	2	
4	10	39		30	0	
5	13	40		40	4	
6	15	45			1	
7						

関数を入力する範囲を区間より1つ多く選択しています。

この関数に慣れないうちは、セル［D6］が空白なのに、隣のセル［E6］に度数が表示されていることに違和感を覚える可能性があります。上のC、Dに示すように、データ配列の最小値と最大値を把握し、最大値をカバーできる区間を準備することをおすすめします。

データ区間の決め方

データをどこで区切り、何区間にするかによって度数が変わります。区間数は、データ配列内のデータ数の正の平方根を目安にする方法があります。ただし、あくまでも目安です。10個のデータの場合は、「$\sqrt{10}=3.16\cdots$」となり、3区間か4区間程度と計算されますが、上の例では、10ずつに区切り、5区間にしています。データ区間は一定間隔に区切ったり、必要に応じて、範囲の異なる間隔を混在させたりすることも可能です。

利用例 度数分布表を作成する　　　　　　　　　　　　　　FREQUENCY_1

給与データの度数を求める例です。最小値、最大値のほか、平均値、中央値、最頻値も求めました。データ数は45件ですので、データ区間の目安は7区間程度（$\sqrt{45}$=6.7）ですが、ここでは、切良く100万円単位に区間を分けたため、10区間にしています。

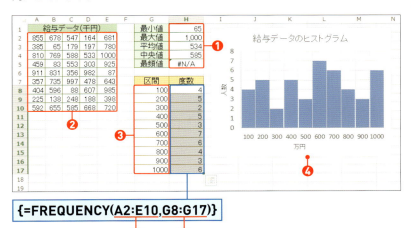

{=FREQUENCY(A2:E10,G8:G17)}

❶ 平均値「534」、中央値「585」より、この給与データ分布の中心は550万円前後です。しかし、最頻値が「#N/A」エラーです。つまり、最頻値がありません。この給与データは、550万前後を中心に全体的にばらついていると類推できます。

❷ 給与データのセル範囲 [A2:E10] を**データ配列**に指定します。

❸ セル範囲 [G8:G17] を**区間配列**に指定します。この給与データの最小値「65」は区間「100」、最大値「1000」は区間「1000」に入りますので、すべての給与データが用意した**区間配列**に収まります。

❹ ❷で求めた各区間の度数を表すグラフで、ヒストグラムといいます。棒グラフの一種ですが、「100より大きく200以下」のように区間同士が密着しているので、棒と棒の間を空けずに表示するのが特徴です。

❶で類推したとおり、データ分布の中心である550万前後（区間「600」）が、わずかに中心を思わせるように度数が高くなっていますが、全体的にばらついた分布です。

Section 34

分類 データの散らばり　分散

VAR.S (VAR)
VARA

データの分散を求める

対応バージョン VAR/VARA:2007/2010/2013　VAR.S:2010/2013

書式
=VAR.S(数値1[,数値2,…,数値N])_{N=1〜255}
=VARA(値1[,値2,…,値N])_{N=1〜255}

VAR.S 関数は、**数値 N** に含まれる数値を標本とする分散を求めます。VARA 関数は、**値 N** に含まれる空白以外の値を標本とする分散を求めます。VAR 関数は VAR.S 関数の互換関数です。

解説

分散は、データの散らばり具合を示す代表値の1つです。以下に2種類のデータを示します。データ1、データ2ともに平均値、中央値、最頻値が一致していますが、両者は同じデータではありません。ぱっと見ただけでデータ2の方が一桁のデータが多いのがわかります。このようなときにVAR.S関数を使うと、データの分散から両データの違いがわかります。

=VAR.S(A2:C5)
データ1の分散を求めています。

=VAR.S(E2:G5)
データ2の分散を求めています。

データ1、データ2ともに平均値（P.98）、中央値（P.110）、最頻値（P.112）の値は同じです。

=VARA(E2:G5)
データ2の空白以外の分散を求めています。

以下にデータ１とデータ２を数直線上に各データを並べた図を示します。データ内の同じ値は上に積み上げて表示しています。

この図から、分散の値はデータが散らばるほど大きくなることがわかります。なお、セル [B10] とセル [F10] にはVARA関数を入力しています。こちらは、データ内の文字を０と見なして分散を求めていますので、それぞれのVAR.S関数の結果より分散の値が大きくなります。

引数解説　　　　　　　　　　　　　　　　　　　　　　　　VAR.S・VARA_0

数値Ｎ
数値、及び、数値の入ったセルやセル範囲を指定します。

値Ｎ
任意の値、及び、値の入ったセルやセル範囲を指定します。

Ⓐ No1〜４の数値と空白セルを対象とした場合、VAR.S関数とVARA関数は、空白セルを無視し、同じ「100」になります。

Ⓑ No1〜7は、Ⓐに加え、論理値と文字の入ったセルを参照している場合です。
　・VAR.S関数は、空白セルとセル参照の論理値、文字を無視しますので、Ⓐの結果（セル [F2]）と同じ値になります。
　・VARA関数はNo4の空白セルを無視する以外は、数値と見なされます。文字と論理値「FALSE」は「０」、論理値「TRUE」は「１」です。

Ⓒ No1〜８を対象にした場合です。データ内にエラー値を含んだ時点で、データ内にあるエラーと同じエラーになります。

■データの分散

データの散らばり具合は、各データと平均値との差（偏差といいます）を求め、それを集計してひとつの値（代表値）にすればよいと思われます。そこで、前ページの数値1の「40」、数値2の「50」、数値3の「60」を使ってデータの散らばりを調べます。まず、「40」「50」「60」の平均値は「50」です。「40」は平均値の「50」より「10」小さく、「60」は平均値の「60」より「10」大きいです。

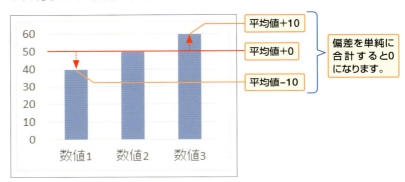

次に散らばりの代表値にするため、1つの値にまとめる必要がありますが、このときの集計方法に合計は利用できません。なぜなら、偏差を合計すると「-10＋0＋10=0」となり、散らばりの指標にならないためです。そこで、0にならないように、偏差を2乗してから足します。すると、(-10)の2乗と10の2乗が合計され「200」になります。

この「200」をデータ数で割った値が分散です。ただし、収集したデータが本来集めるべきデータの一部であるときは、データ数から1を引いた数で割ります。本来集めるべきデータを母集団、集めるべきデータの一部を標本といいます。VAR.S関数は、集めたデータが標本であることを想定していますので、3つのデータから1を引いて2で割ります。すると、「200÷2＝100」となり、P.141のⒶと同じ値になります。

VAR.S関数では、一部のデータをもとに、母集団から導かれるはずの分散（母分散）を推定しています。

VAR.S（VAR）関数とVARA関数の類似関数

Excelには、VAR.Sの末尾の「S」を「P」に変更しただけのVAR.P関数（互換関数はVARP関数）があります。引数の指定方法はVAR.S関数と同じです。VAR.P関数では、集めたデータが母集団と見なせるものとし、偏差の2乗の合計をデータ数で割って分散を求めます。同様に、VARA関数に対応するVARPA関数も用意されています。

VAR.S関数は偏差の2乗の合計（ここでは200）を「データ数-1（ここでは2）」割り、VAR.P関数は「データ数（ここでは3）」で割ります。よって、VAR.S関数で求めた値の方が大きくなります。

通常はVAR.S（VAR）関数を利用する

集めたデータを全数と見なすのか、標本と見なすのかで利用する関数を変更する必要はありません。通常は、VAR.S関数を利用します。その理由は2つです。まず、現実的に、費用と時間の面から全数データを集めることは困難で、ほとんどのケースで標本データになるためです。
2つ目は、集めたデータ数が増えるほど、データ1個分の差は分散の値に出てこなくなるためです。

利用例 データの分散と標準偏差を求める　　STDEV.S・STDEVA_1

P.147をご覧ください。

Section 35

分類　データの散らばり　標準偏差

STDEV.S (STDEV)
STDEVA

データの標準偏差を求める

対応バージョン　STDEV/STDEVA:2007/2010/2013　STDEV.S:2010/2013

書式　=STDEV.S(数値1[,数値2,…,数値N]) N=1～255
　　　　=STDEVA(値1[,値2,…,値N]) N=1～255

STDEV.S関数は、**数値N**に含まれる数値を標本とする標準偏差を求めます。STDEVA関数は、**値N**に含まれる空白以外の値を標本とする標準偏差を求めます。STDEV関数はSTDEV.S関数の互換関数です。

解説

標準偏差は、分散(P.140)の平方根に相当する値で、データの散らばり具合を示す代表値の1つです。以下の例は商品の販売データの一部をもとに、分散や標準偏差を求めている例です。

=VAR.S(A2:E7)
抽出データの分散を求めています。

=STDEV.S(A2:E7)
抽出データの標準偏差を求めています。

=STDEVA(A2:E7)
抽出データの空白以外の標準偏差を求めています。

上の図から、抽出データの分散(母分散の推定値)「144」の正の平方根(144 = 12×12)は抽出データの標準偏差「12」に一致していることがわかります。なお、STDEVA関数は、データの認識が異なり、文字を0と見なしてデータに含めます。このため、STDEVA関数の結果とSTDEV.S関数の結果が異なります。

引数解説

STDEV.S・STDEV A_0

数値N

数値、及び、数値の入ったセルやセル範囲を指定します。

値N

任意の値、及び、値の入ったセルやセル範囲を指定します。

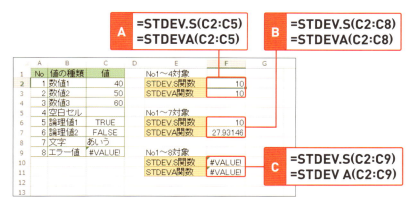

Ⓐ No1～4の数値と空白セルを対象とした場合、STDEV.S関数とSTDEV A関数は、空白セルを無視し、同じ「10」になります。

Ⓑ No1～7は、Ⓐに加え、論理値と文字の入ったセルを参照している場合です。

・STDEV.S関数は、空白セルとセル参照の論理値、文字を無視しますので、Ⓐの結果（セル[F2]）と同じ値になります。

・STDEV A関数はNo4の空白セルを無視する以外は、数値と見なされます。文字と論理値「FALSE」は「0」、論理値「TRUE」は「1」です。

Ⓒ No1～8を対象にした場合です。データ内にエラー値を含んだ時点で、データ内にあるエラーと同じエラーになります。

■ データの標準偏差

データの分散は、平均値と各データとの差（偏差）を2乗して合計し、「データ数」または「データ数−1」で割った値です。

ところで、分散の単位は何かというと、集めたデータと平均値との差を2乗していますので、単位は、データの単位の2乗になります。左ページの場合は、販売数量の2乗が分散の単位です。

標準偏差は、分散の正の平方根と定義されています。

$$標準偏差 = \sqrt{分数（単位はデータの2乗）}$$

以上より、標準偏差の単位は、集めたデータの単位と同じになります。なお、分散と同様に、集めたデータが本来集めるべきデータ（母集団）の一部や、一部を抽出したデータは標本です。STDEV.S関数は、指定した範囲のデータを標本と見なしますので、母集団から導かれるはずの標準偏差（母標準偏差）の推定値になります。

STDEV.S（STDEV）関数とSTDEVA関数の類似関数

Excelには、STDEV.Sの末尾の「S」を「P」に変更しただけのSTDEV.P関数（互換関数はSTDEVP関数）があります。引数の指定方法はSTDEV.S関数と同じです。STDEV.P関数では、集めたデータが母集団と見なせるものとし、偏差の2乗の合計をデータ数で割って分散の正の平方根を求めます。なお、STDEVA関数に対応するSTDEVPA関数も用意されています。

=STDEV.S(C2:C4)
=STDEVA(C2:C4)

A	B	C	D	E	F	G
No	値の種類	値		▼数値1～3は標本とみなす場合		
1	数値1	40		STDEV.S関数	10	
2	数値2	50		STDEVA関数	10	
3	数値3	60				
				▼数値1～3は母集団とみなす場合		
				STDEV.P関数	8.164966	
				STDEVPA関数	8.164966	

=STDEV.P(C2:C4)
=STDEVPA(C2:C4)

STDEV.S関数は偏差の2乗の合計（ここでは200）を「データ数-1（ここでは2）」割った値の平方根です。また、STDEV.P関数は「データ数（ここでは3）」で割った値の平方根です。よって、STDEV.S関数で求めた値の方が大きくなります。

通常はSTDEV.S（STDEV）関数を利用する

通常は、STDEV.S関数を利用します。その理由は、「通常はVAR.S（VAR）を利用する」と全く同じです。P.143をご覧ください。

利用例　データの分散と標準偏差を求める　　STDEV.S・STDEVA_1

製品内容量の抜き取り調査の例です。さまざまな代表値を求めるとともに、内容量のデータ分布を示します。

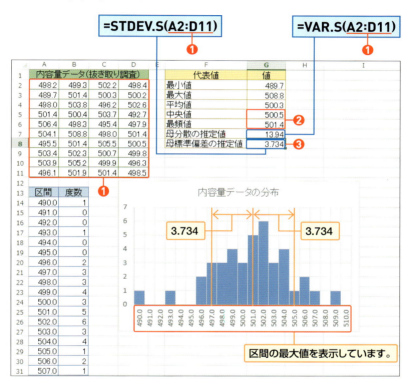

❶ 内容量データのセル範囲 [A2:D11] を各代表値の引数に指定しています。

❷ 平均値と中央値はほぼ同様ですが、平均値＜中央値＜最頻値の関係です。山のピークが少し右にずれた分布になることが予想されるとともに、ヒストグラムにもその特徴が表れています。

❸ 標準偏差の「3.734」は、平均値を中心としたデータの散らばりです。データ分布が左右対称の山の形（正規分布といいます）の場合、平均値±標準偏差の範囲にデータの7割弱が入ることが知られています。

Section 36

LARGE
SMALL

分類 順位

順位に該当する数値を求める

対応バージョン 2007/2010/2013

書式 =LARGE(配列,順位)
=SMALL(配列,順位)

順位に該当する配列内の数値を表示します。数値の大きい方から数えた順位の場合は LARGE 関数、数値の小さい方から数えた順位の場合は SMALL 関数を利用します。

解説

LARGE関数とSMALL関数は、指定した順位に該当する数値を求めます。下の図は、携帯電話料金一覧から指定した順位の料金を求める例です。

=LARGE($B$3:$B$8,D3)
料金一覧から料金の高い順に並べたときの1位の料金を求めています。

=SMALL($B$3:$B$8,D7)
料金一覧から料金の安い順に並べたときの1位の料金を求めています。

料金の高い順の第1位とは、料金一覧の最大値であり、MAX関数と同様です（P.118）。反対に、料金の安い順の第1位は、料金一覧の最小値ですので、MIN関数と同様です（P.120）。また、RANK.EQ（RANK）関数（P.152）とは互いに逆の機能を持つ関数同士です。

引数解説　　　　　　　　　　　　　　　　　　　　　　　　　　LARGE・SMALL_0

配列

数値の入ったセル範囲を1箇所のみ指定します。

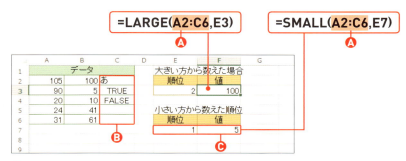

Ⓐ 連続して入力されている、ひとかたまりのセル範囲を指定します。
Ⓑ 配列に含まれる文字、論理値、空白セルは無視されます。
Ⓒ Ⓑの内容を確認する例です。もし、論理値「FALSE」や空白セルを「0」と見なしていた場合、小さい方から数えた第1位は「0」と表示されるはずですが、「5」と表示されています。論理値や空白セルを無視している証拠です。

> **Memo**
>
> **配列内のセルにエラーが発生している場合**
>
> 配列内のエラーは無視されず、同じエラーが表示されます。エラーを無視したい場合は、AGGREGATE関数を利用します（P.56）。

順位

順位を表す、1以上の整数、または、整数の入ったセルを指定します。

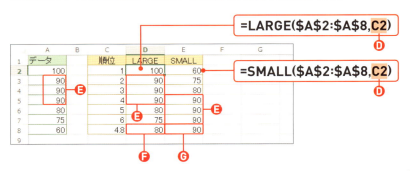

Ⓓ 順位の入ったセルのほかに、順位の数値を直接指定できます。
Ⓔ 配列内に同じ数値が複数入っている場合、順位を変更しても、同じ値が表示されます。ここでは配列に「90」が3個入っているので、3回表示されます。
Ⓕ 順位に小数点を含む数値を指定した場合、LARGE関数では、小数点以下を切り上げた整数と見なされます。ここでは、「4.8」を「5」と見なしています。
Ⓖ SMALL関数では、小数点以下を切り捨てた整数を見なされます。「4.8」を「4」と見なしています。

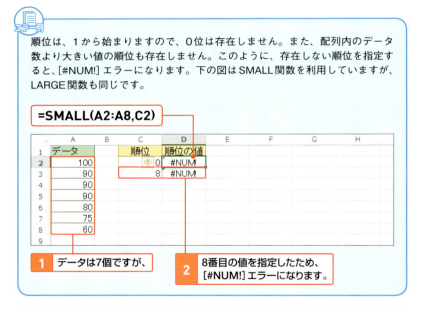

順位は、1から始まりますので、0位は存在しません。また、配列内のデータ数より大きい値の順位も存在しません。このように、存在しない順位を指定すると、[#NUM!]エラーになります。下の図はSMALL関数を利用していますが、LARGE関数も同じです。

利用例 何度も同じ値が表示されないように順位を求める　LARGE・SMALL_1

LARGE関数、SMALL関数では、配列内に複数の同じ値があると、順位を繰り下げても何度も同じ数値が表示されます（Ⓔ）。そこで、指定した順位の値が配列内に何件入っているのかを調べ、その件数の次の順位を指定することで、何度も同じ値が表示されるのを回避します。
以下は気温データの例です。

▼順位調整前

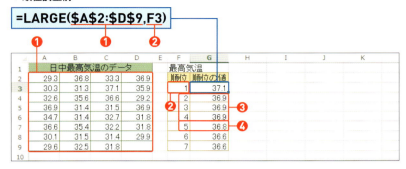

❶ セル範囲 [A2:D9] を絶対参照で配列に指定します。
❷ セル [F3] を順位に指定します。第1位の値は確定です。
❸ 配列内に同じデータが存在するため、何度も同じ値が表示されます。
❹ 現状、第5位に表示されている「36.8」を第3位に表示するには、順位の値が何件入っているかを調べます。そして、前の順位までに入っていたデータ数の次の順位を指定します。

▼第2以降の順位調整後

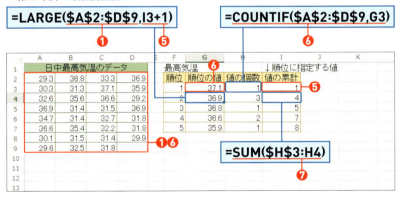

❺ 前の順位までに入っていたデータ数の次の順位にするため、セル [I3] に1を加えた値を順位に指定します。
❻ LARGE関数で求めた順位の値が、配列内に何件あるか求めています。COUNTIF関数はP.92をご覧ください。
❼ ❻で求めたデータ数を累計しています。SUM関数のP.23をご覧ください。この累計値を❺の順位に利用します。

Section 37

分類 順位

RANK.EQ (RANK)

データの順位を求める

対応バージョン RANK:2007/2010/2013　RANK.EQ:2010/2013

書式 =RANK.EQ(数値,参照[,順序])

数値は、**参照**の中の何番目かという順位を求めます。**順序**は、**数値**の大きい順、または、小さい順を指定します。RANK関数はRANK.EQ関数の互換関数です。

解説

数値の順位を求める関数です。下の例は、各部署の電気代の順位です。同じ数値は同順位とし、以降、同順位の数だけ順位が繰り下がります。

=RANK.EQ(B3,$B$3:$B$8,0)
企画部の電気料金は、全部署の料金を高い方から数えたとき、何番目の料金かを求めています。

同じ数値には同順位が付きます。

4位が2件あるので、4位から2つ分繰り下げて6位になります。

順位は、ある決まった範囲の数値グループのなかで、数値の大小関係を相対的に比較します。したがって、さまざまな数値データで順位付けができます。順位の代表的な例に、テスト、売上、スポーツのスコアといった、いわゆる「成績表」があります。

引数解説　　　　　　　　　　　　　　　　　　　　　　　　　　RANK.EQ_0

数値

数値、または、数値の入ったセルを指定します。

参照

順位付けする数値のセル範囲を指定します。ここで指定するセル範囲には、**数値**が含まれている必要があります。

- Ⓐ 順位を求める数値データのセル範囲を指定します。セル範囲に含まれる文字、空白セル、論理値は無視されます。
- Ⓑ 数値を指定すべきところ、文字を指定したため、「#VALUE!」（文法エラー）が発生しています。
- Ⓒ 「#N/A」エラーは、**数値**が**参照**にない場合に表示されます。Ⓐにあるとおり、**参照**内の文字、空白セル、論理値は無視されます。引数には［$B$2:$B$8］とあっても、セル［B4］、［B6］、［B7］はRANK.EQ関数内で除外されています。よって、**数値**に空白セル、論理値を指定すると、**参照**にないので順位付けができないという「#N/A」エラーになります。
- Ⓓ 順位付けをする数値を指定します。**参照**内のセルを指定するのが直感的に最もわかりやすいです。直接数値を指定したり、**参照**外の場所にあるセルを指定することもできます。

参照内のセルにエラーが発生している場合

参照内のエラーは無視されず、同じエラーが表示されます。エラーを無視したい場合は、AGGREGATE関数を利用します（P.56）。

153

順序

数値を降順で順位付けする場合は「0」、昇順で順位付けする場合は「1」を指定します。「0」は省略できます。

昇順の例	降順の例
数値の小さい順	数値の大きい順
日付の古い順	日付の新しい順
時刻・測定タイムの速い順	時刻・測定タイムの遅い順

E 生年月日が遅くなる（あとに生まれた）ほど、日付が新しくなります。「生まれの遅い順」は日付の新しい順になるので、「0」を指定します。

F タイムは速いほど、数値が小さくなるので、「1」を指定します。

利用例　データの順位を求める　　　　　　　　　　　　RANK.EQ_1

匿名性を重視し、成績データのみ表示した表をもとに、自分の得点を入力すると順位が表示される例です。

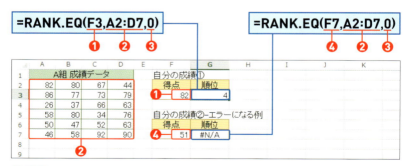

❶ **数値**に自分の得点が入力されたセル [F3] を指定します。

❷ 順位を求めるセル範囲 [A2:D7] を**参照**に指定します。

❸ 得点の高い順（数値の大きい順）に順位付けするため、**順序**に「0」を指定します。

❹ 入力した得点が**参照**内にない場合は、[#N/A] エラーになります。

第 3 章

データベース関数

Section	38	データベース関数の使い方
Section	39	DSUM
Section	40	DCOUNTA／DCOUNT
Section	41	DAVERAGE
Section	42	DMAX／DMIN
Section	43	DGET
Section	44	その他のデータベース関数

Section 38 データベース関数の使い方

分類 データベース

対応バージョン 2007/2010/2013

書式 =データベース関数名(データベース,フィールド,条件)

指定したデータベースに条件を設定して、条件に合うデータ行を絞り込み、指定したフィールド（列データ）の集計を行います。

解説

データベースに分類されている関数は、全部で12種類あり、使い方がすべて共通しています。関数名の先頭にはデータベースの「D」が付きます。下の図は、データベース関数を使うときの構成例です。

=DSUM(A7:E15,E7,A2:E4)
売上明細表を対象に条件表に指定された条件に合う金額の合計を求めています（ここでの条件は商品AまたはBです）。

条件に指定する条件表

データベースの売上明細表

フィールドで指定された集計対象の列データ

データベース関数の特徴の1つは、列見出しに沿ったデータが縦方向に並んでいるリスト形式の表を集計対象にしていることです。また、ワークシートに作成した条件表を指定するのもデータベース関数の特徴です。特徴といいつつも、裏を返せば、データベース関数を使うときの制約でもあります。しかし、この制約のおかげで、次のようなことができます。

条件表の中身を変更しています。

=DSUM(A7:E15,E7,A2:E4)

	A	B	C	D	E	F	G	H	I
1	▼条件表						▼集計値		
2	日付	商品名	単価	数量	金額		8月3日と4日		
3	8月3日						売上合計	32,500	
4	8月4日								
5									
6	▼売上明細表								
7	日付	商品名	単価	数量	金額				
8	8月2日	商品A	500	6	3,000				
9	8月2日	商品C	2,000	1	2,000				
10	8月3日	商品A	500	20	10,000				
11	8月3日	商品B	1,000	10	10,000				
12	8月4日	商品D	1,500	5	7,500				

上の図は、条件表の中身を変更しただけで、セル [H3] に入力されているデータベース関数には変更を加えていません。前ページの図と集計値を比較すると、条件に合わせて集計値が更新されていることがわかります。
さらに、データベース関数は引数の指定方法が共通のため、次のような使い方もできます。

=DMIN(A7:E15,E7,A2:E4)

	A	B	C	D	E	F	G	H	I
1	▼条件表						▼集計値		
2	日付	商品名	単価	数量	金額		商品Aと商品B		
3		商品A					最低売上高	3,000	
4		商品B							
5									
6	▼売上明細表								
7	日付	商品名	単価	数量	金額				
8	8月2日	商品A	500	6	3,000				
9	8月2日	商品C	2,000	1	2,000				
10	8月3日	商品A	500	20	10,000				
11	8月3日	商品B	1,000	10	10,000				
12	8月4日	商品D	1,500	5	7,500				

この図は、前ページと同じ条件で、関数名を変更した場合です。セル [H3] の引数は変えずに、関数名を「DSUM」から「DMIN」に書き換えています。このように、条件が同じであれば、関数名を変更するだけで11種類の集計値が求められます。12種類のデータベース関数のうち、DGET関数を除く11種類は、合計、個数、平均といった集計関数です。

引数解説

DATABASE_0

データベース

リスト形式の表全体を列見出しも含めて選択します。リスト形式の表は列見出しに沿ったデータが縦方向に並んでおり、1行で1件分のデータが入力されています。

別のデータと見なされます。

	A	B	C	D	E	F	G	H	I
1	▼条件表						▼集計値		
2	日付	商品名	単価	数量	金額		商品Aと商品B		
3		商品A					最低売上高	5,000	
4		商品B							
5									
6	▼売上明細表								
7	日付	商品名	単価	数量	金額				
8	8月2日	商品A	500	6	3,000				
9	8月2日	商品C	2,000	1	2,000				
10	8月3日	商品A	500	20	10,000				
11	8月3日	商品B	1,000	10	10,000				
12	8月4日	商品D	1,500	5	7,500				
13	8月4日	商品B	1,000	5	5,000				
14	8月5日	商品C	2,000	10	20,000				
15	8月6日	商品A	500	30	15,000				
16									

=DMIN(A7:E15,E7,A2:E4)

Ⓐ

上の図は、DMIN関数を表示していますが、他のデータベース関数も同様です。

Ⓐ リスト形式の表全体を項目名も含めて選択します。

Ⓑ リスト内のデータは表記を統一します。上の図では、セル[B8]のみ「商品Ａ」の「Ａ」を全角文字で入力しています。このため、前ページのDMIN関数のセル[H3]と上の図のセル[H3]の結果が異なっています。

効率的な表の選択方法

リスト形式の表は大きくなりがちです。そこで、大きなセル範囲を効率的に選択するには、キーボードを使います。以下の①②③の操作で、リスト全体が選択されます(「＋」は「キーボードを押しながら」の意味です)。

① リストの左上隅の列見出し(上の図ではセル[A7])をクリックします。
② [Ctrl]＋[Shift]＋[→]キーを押して、列見出し全体を選択します。上の図では、セル[E7]まで選択されます。
③ 続けて[Ctrl]＋[Shift]＋[↓]キーを押すと、セル[E15]まで選択されます。

①②③ の操作で全体が選択されます。

表記ゆれを修正するには

前ページの❽にあるような、同じ値のつもりで入力した全角／半角の違いや大文字／小文字の違いを、表記ゆれといいます。表記ゆれは、目視で見分けるのは大変ですが、関数を使うと簡単に表記ゆれを修正することができます。表記ゆれを修正する関数については、第6章で紹介しています。

フィールド

フィールドとは、リスト形式の表の列データのことです。集計したい列データの項目名のセルを指定します。

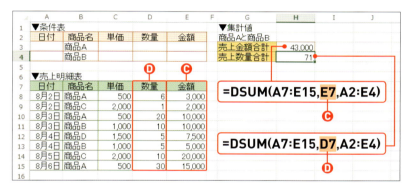

この図はDSUM関数を表示していますが、他のデータベース関数も同様です。

❸ 列見出しのセルを指定することによって、そのすぐ下から入力されている列データが集計対象になります。ここでは、セル[E7]をフィールドに指定することによって、「金額」欄の列データが集計対象になります。

❹ フィールドをセル[D7]に変更した場合です。「数量」欄が集計対象になります。

フィールド内の文字や論理値

フィールドに指定した範囲内に含まれる文字や論理値は、先頭の「D」を取った関数と同様の動作になります。たとえば、DSUM関数の「D」を取ったSUM関数では、セル参照の文字や論理値を無視しますが、DSUM関数でもフィールドに指定したセル範囲内の文字や論理値を無視します。

※DGET関数はGET関数がないため、この説明の対象外です。

条件

集計行を絞るための条件には、ワークシートに作成した条件表のセル範囲を指定します。

■ 条件表の構成

条件表は、**データベース**と同じ列見出しを用意し、列見出しのすぐ下に条件を入力します。

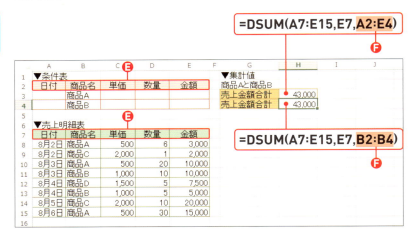

- **E** **データベース**と同じ値の列見出しを用意します。**データベース**の列見出しをコピーして使うと、表記ゆれも起こらず便利です。
- **F** **条件**に使いたい箇所だけ指定できます。セル[H3]では、**条件**にセル範囲[A2:E4]を指定していますが、セル[H4]には条件が入力された「商品名」部分の[B2:B4]が指定されています。どちらも集計結果は同じです。

- **G** 条件表の列見出しは、**データベース**の列見出しと同じ値であれば、並び順は問いません。また、同じ列見出しを複数利用できますし、条件に不要な列見出しを条件表から外すこともできます。

■ 条件の種類

条件の種類は、AND条件とOR条件、及び、ANDとORの組み合わせ条件の3つがあります。AND条件は、複数の条件をすべて満たす条件であり、OR条件は、複数の条件のいずれか1つを満たす条件です。

■条件① すべての条件を満たす AND 条件

条件は同じ行に入力します。指定した条件をすべて満たすデータ行が集計対象になります。

❶ 「数量が10以上」かつ「数量が20以下」の条件が設定されています。ここで、「数量」以外の条件は空欄、もしくは、条件表に列見出しがありません。これらの列には、条件がないことを示します。

■条件② いずれかの条件を満たす OR 条件

条件は異なる行に入力します。指定した条件のいずれかを満たすデータ行が集計対象になります。

❶ 「商品名」以外の条件はありません。「商品名が商品Aである」または「商品名が商品Bである」という条件が設定されています。

■条件③ AND 条件と OR 条件の組み合わせ

AND条件は同じ行に、OR条件は異なる行に入力します。

❶ 「商品名が商品Aかつ数量が10以上」または「商品名が商品Bかつ数量が10以上」が条件です。

条件に空白行は含めない

条件のセル範囲には、空白行を含めないようにします。空白は、条件がないという意味です。たとえ、他の行で条件が設定されていたとしても、条件に空白行が含まれると、「条件○○または空白（条件なし）」となり、すべての列で条件がないという意味になります。

■ **条件の入力**
条件には、数値、文字、ワイルドカード、比較演算子、数式が指定できます。

■ **条件入力① 数値、文字**
各フィールドのデータを直接条件表に入力します。データベースに存在しないデータを入力すると、0やエラーになります。

K 商品名に条件を付ける場合は、データベースの「商品名」欄に存在するデータを入力します。

L データベースにない商品名「商品E」を条件にした場合です。

M DAVERAGE関数を入力しています。平均は、該当するデータを合計して、該当するデータ数で割って求めます。該当するデータがない(0個)のときは、0個で割ることになり、[#DIV/0!]エラーになります。

N DSUM関数を入力しています。合計する場合は、該当するデータがない、つまり、足し算するデータがないので0と表示されます。

■**条件入力② ワイルドカード**

文字の一部を「＊」や「?」で置き換えて条件に指定することができます。
ワイルドカードについてはP.326を参照してください。

O 商品名が商品で始まるデータを条件としています。

■**条件入力③ 比較演算子**

数値や日付などで設定すると、○○以上／以下、○日以降／以前といった条件を付けることができます。P.161の**H**と**J**をご覧ください。

■**条件入力④ 数式**

条件入力①②③は、数式を使って入力することができます。この方法を使った利用例はP.171で紹介しています。

P 「商品名は商品Aである」ことを条件にする場合、条件表に「="=商品A"」と入力します。最初の「=」は数式を表すイコールです。「"=商品A"」の「=」は比較演算子のイコールで、商品Aに等しいことを表しています。なお、セルの見た目は「=商品A」です。

Q 「数量は20」を条件にする場合、条件表に「="=20"」と入力します。最初の「=」は数式を表すイコール、次の「=」は比較演算子です。

なお、**P Q**はそれぞれ「商品A」「=20」と入力するだけでも条件として認識されます。

163

Section 39

分類 合計 複数条件 データベース

DSUM

条件に合うデータの合計を求める

対応バージョン 2007/2010/2013

書式 =DSUM(データベース,フィールド,条件)

指定した**データベース**に**条件**を設定して、条件に合うデータ行を絞り込み、指定した**フィールド**の合計を求めます。

解説   DSUM_0

指定した条件に一致する数値の合計を求めます。DSUM関数は、条件表に指定する内容が1つの場合はSUMIF関数(P.28)、複数の条件をすべて満たすAND条件の場合はSUMIFS関数と同じ結果になります。
以下の図は、P.36のSUMIFS関数の例と同じです。

=DSUM(A2:E11,E2,G2:K3)
明細表から「日付が6/1」かつ「担当者が吉本」に一致する売上金額の合計を求めています。

引数解説   DATABASE_0

P.156～P.163をご覧ください。

利用例 OR条件に一致する合計を求める   DSUM_1

売上表の商品名にコーヒー、または、ティーが付くことを条件に合計金額を求める例です。「＊」(アスタリスク)は任意の文字を表すワイルドカードです(P.326)。

❶ **データベース**にリスト形式のセル範囲 [A2:D9] を指定します。
❷ 集計したい列データの項目名のセル [D2] を**フィールド**に指定します。
❸ 条件表のセル範囲 [F2:I4] を**条件**に指定します。条件が商品名のみに設定されているので、セル範囲 [F2:F4] を**条件**に指定することもできます。

DSUM関数とSUMIF／SUMIFS関数との使い分け

3つの関数はいずれも条件に一致する数値の合計を求めます。利用する関数を好みで決めてよいケースもありますが、OR条件の場合は、DSUM関数を使った方がシンプルでわかりやすいです。上の利用例をSUMIF関数で求めると、以下のように式が長くなります。

=SUMIF(A3:A9,F3,D3:D9)＋SUMIF(A3:A9,F4,D3:D9)
　商品名にコーヒーが付く合計　　商品名にティーが付く合計

なお、P.39のように、リスト形式の表をもとに縦横に項目名のある集計表にまとめるときは、SUMIFS関数が便利です。なぜなら、DSUM関数の**条件**には、リスト形式の条件表を指定しますので、縦横のセルに条件の入った表は**条件**に指定できないためです。

Section 40

分類　セルの個数　複数条件　データベース

DCOUNTA
DCOUNT

条件に合うセルの個数を求める

対応バージョン 2007/2010/2013

書式
=DCOUNTA(データベース,フィールド,条件)
=DCOUNT(データベース,フィールド,条件)

指定したデータベースに条件を設定して、条件に合うデータ行を絞り込み、指定したフィールドのセルの個数を求めます。DCOUNTA 関数は、空白でないセルの個数を求め、DCOUNT 関数は数値の個数を求めます。

解説

DCOUNTA・DOUNT_0

どちらの関数も、指定した条件に一致するセルの個数を求めます。以下の図は、新人研修の受講記録から、指定した条件の所属人数と受講者数を求める例です。

=DCOUNTA(A2:D10,B2,F2:I4)
所属が企画または営業の所属人数を求めています。

=DCOUNT(A2:D10,C2,F2:I4)
所属が企画または営業の情報リテラシーの受講者数を求めています。

DCOUNTA関数は、空白セル以外の数値や文字の入ったセルを数えますので、汎用性が高く、さまざまな列データに利用できます。この例では「所属」のセル [B2] をフィールドに指定し、条件に一致する人数を求めています。DCOUNT関数は数値しか数えませんが、文字と数値が混在している列データで、数値だけを数えたいときに役立ちます。ここでは、「情報リテラシー」のセル [C2] には日付と文字が混在しますが、DCOUNT関数を使うことによって、日付のみ数えることができます。

引数解説　　　　　　　　　　　　　　　　　　　　　　　　　DATABASE_0

P.156～P.163をご覧ください。

利用例　AND条件に一致する個数を求める　　DCOUNTA・DCOUNT_1

複数の条件をすべて満たすAND条件の場合、DCOUNTA/DCOUNT関数は、COUNTIFS関数と同じ結果になります。以下はP.97のCOUNTIFS関数と同じで、指定した期間の希望者数を求める例です。
DCOUNT関数を使っていますが、DCOUNTA関数も利用できます。

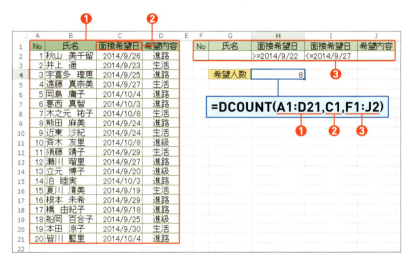

❶ **データベース**にリスト形式のセル範囲［A1:D21］を指定します。
❷ 集計したい列データの項目名のセル［C2］を**フィールド**に指定します。
❸ 条件表のセル範囲［F1:J2］を**条件**に指定します。日付の期間を条件にする場合、日付の項目名を2つ用意して同じ行に入力し、AND条件で指定します。

※直接条件を指定できるCOUNTIFS関数と違い、データベース関数は条件表を指定しますので、比較演算子は条件表の中に入力します。

DCOUNTA／DCOUNT関数とCOUNTIF／COUNTIFS関数との使い分け

DSUM関数とSUMIF／SUMIFS関数の使い分けと同様です（P.165）。OR条件の場合は、データベース関数を利用した方が便利です。

Section 41

分類　平均　複数条件　データベース

DAVERAGE

条件に合う数値の平均を求める

対応バージョン　2007/2010/2013

書式　=DAVERAGE(データベース,フィールド,条件)

指定した**データベース**に**条件**を設定して、条件に合うデータ行を絞り込み、指定した**フィールド**の数値の平均を求めます。

解説　　　　　　　　　　　　　　　　　　　　　　　　　DAVERAGE_0

指定した条件に一致する数値の平均を求めます。次の図は、指定した販売価格の条件を満たす、1日あたりの売上金額の平均を求める例です。

=DAVERAGE(A2:D12,D2,F2:J3)
販売価格が160円〜175円に該当する日の売上平均を求めています。

リスト形式の表は、列見出しに沿ったデータが縦方向に並んでいますが、別の見方をすると、1件1行で構成された表です。データベース関数は、リスト形式の表から条件に合うデータ行を絞り込みますので、DAVERAGE関数では、行単位の平均値を求めることになります。ここでの行は、1日単位ですので、条件に該当する日の平均値となります。

引数解説　　　　　　　　　　　　　　　　　　　　　　　DATABASE_0

P.156〜P.163をご覧ください。

利用例　単位当たりの平均を求める　　　　　　　　　　DAVERAGE_1

左ページと同じデータで条件を変更します。ここでは、販売数量が100個未満に該当する日の平均販売価格と同じ条件で販売1個当たりの平均販売価格を求めます。前者はDAVERAGE関数を利用できますが、後者はDSUM関数を利用する必要があります。

❶ **データベース**にリスト形式のセル範囲 [A2:D12] を指定します。
❷ **フィールド**に販売価格のセル [B2] を指定します。
❸ 条件表のセル範囲 [F2:I3] を**条件**に指定します。❶❷❸より、条件に該当する日の平均販売価格が求められます。
❹❺ 平均は合計を数量で割って求められることを利用します。DSUM関数で条件に該当する売上金額（セル [D2]）の合計と販売数量（セル [C2]）の合計から、販売1個あたりの平均販売価格を求めています。

販売数量が100個未満の場合、該当する日の平均販売価格「208」に対して、販売1個あたりの平均販売価格が「204」です。これは、販売価格の安い日に多く売れていることを示しています。

> **Memo**
> **DAVERAGE関数とAVERAGEIF／AVERAGEIFS関数との使い分け**
>
> これら3つの関数は、いずれも条件に合う数値の平均を求める関数です。使い分けはP.165のMEMOと同様です。

Section 42

分類　最大・最小　複数条件　データベース

DMAX
DMIN

条件に合う数値の最大・最小を求める

対応バージョン 2007/2010/2013

書式
=DMAX(データベース,フィールド,条件)
=DMIN(データベース,フィールド,条件)

指定したデータベースに条件を設定して、条件に合うデータ行を絞り込み、指定したフィールドの最大値と最小値を求めます。

解説

DMAX・DMIN_0

指定した条件に一致する数値の最大値、または、最小値を求めます。次の図は、成績一覧表から理系女子の最高点と最低点を求める例です。

=DMAX(A2:D11,D2,F2:I3)
性別が「女」かつクラスが「理科」の英語得点の最大値を求めています。

	A	B	C	D	E	F	G	H	I
1	▼成績一覧					▼条件表			
2	氏名	性別	クラス	英語得点		氏名	性別	クラス	英語得点
3	麻生 久美	女	理科	128			女	理科	
4	伊藤 武史	男	文科	185					
5	上原 浩司	男	文科	133		▼集計値			
6	江崎 海斗	男	文科	135		理科系女子の英語の最高点と最低点			
7	小野 絢子	女	文科	150		最高点	165		
8	笠原 彰	男	文科	180		最低点	128		
9	久坂 智昭	男	理科	145					
10	近藤 有里	女	理科	138					
11	佐竹 亜紀	女	理科	165					
12									

=DMIN(A2:D11,D2,F2:I3)
性別が「女」かつクラスが「理科」の英語得点の最小値を求めています。

引数解説

DATABASE_0

P.156～P.163をご覧ください。

利用例 空白でないことを条件に最大値と最小値を求める　DMAX・DMIN_1

イベント欄に何らかのイベント内容が入力されている場合の最大売上と最小売上を求めます。

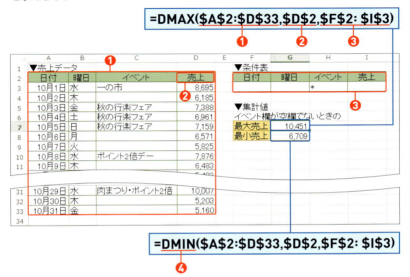

❶ **データベース**にセル範囲 [A1:D33] を絶対参照で指定します。
❷ **フィールド**に売上のセル [D2] を絶対参照で指定します。
❸ 条件表のセル範囲 [F2:I3] を絶対参照で**条件**に指定します。条件は、イベント欄のセル [H3] に、任意の文字を示す「＊」を指定します。
❹ 最小売上は関数名を「DMIN」に変更します。セル [G7] のDMAX関数をオートフィルでセル [G8] にコピーし、関数名を「DMIN」に変更します。❶❷❸で絶対参照を設定し、参照範囲がずれないようにしています。

数式を使って、空欄でないことを条件に設定することもできます。

	A	B	C	D	E	F	G	H	I
H3			f_x	="<>"					
1	▼売上データ					▼条件表			
2	日付	曜日	イベント	売上		日付	曜日	イベント	売上
3	10月1日	水	一の市	8,695				<>	
4	10月2日	木		6,185				❺	

❺ 条件に「="<>"」と入力します。最初の「=」は数式を表すイコールです。「"<>"」の「<>」は比較演算子の「等しくない」を表します。何と等しくないのか、「<>」のあとに何も記述がありませんが、この場合は「空白」と比較していると解釈します。

171

Section 43

分類 値の取得　複数条件　データベース

DGET

条件に合う唯一の値を取得する

対応バージョン 2007/2010/2013

書式 **=DGET(データベース,フィールド,条件)**

指定したデータベースに条件を設定して、条件に合う1行を絞り込み、指定したフィールドから値を取得します。

解説　　　　　　　　　　　　　　　　　　　　　　　　　　　　　DGET_0

指定した条件に一致する唯一の値を取得します。「唯一の」ですから、条件によって絞り込まれるデータ行は1行でなくてはなりません。以下の例では、ゴールド会員の最年長者の氏名を求めています。

=DGET(A2:E12,B2,G2:K3)
会員種別が「ゴールド」かつ年齢が「65」の氏名を取得しています。

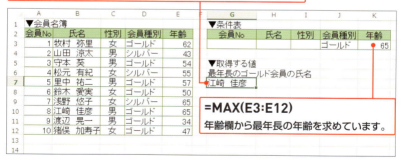

=MAX(E3:E12)
年齢欄から最年長の年齢を求めています。

ここでは、条件表の年齢欄にMAX関数（P.118）を入力して、最年長の年齢「65」を求めています。DGET関数では、最大値や最小値、順位といった、データを特定する条件の設定が必要になることが多く、他の関数と一緒に使う機会が増えます。よく利用されるのはMAX/MIN関数、LARGE/SMALL関数（P.148）、RANK.EQ関数（P.152）です。

引数解説

DATABASE_0

引数の指定方法は、P.156〜P.163をご覧ください。

DGET_0

設定した条件によって、データ行が1行に絞り込めない場合、つまり、該当するデータ行が複数行ある場合は、[#NUM!]エラーになります。

Ⓐ 「年齢」のみ「65」の条件が設定されています。

Ⓑ **条件**に該当するデータ行が2行存在し、[#NUM!]エラーになります。
　エラーを解消するには、条件を追加する必要があります。

条件を設定しすぎてもエラーになります。該当するデータ行がない場合は[#VALUE!]エラーになります。

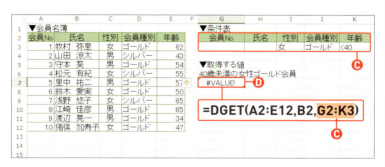

Ⓒ 年齢、会員種別、性別に条件を設定しています。

Ⓓ **データベース**に該当するデータ行がなく、[#VALUE!]エラーになります。
　エラーを解消するには、条件を減らす必要があります。

利用例1 **データの問い合わせを行う**　　　　　　　　　　　　DGET_1

顧客名簿などの顧客Noや商品表の商品Noといった、一意に特定できるデータを条件に設定すると、顧客や商品の問い合わせに利用することができます。以下は商品Noから商品名や在庫状況を確認する例です。

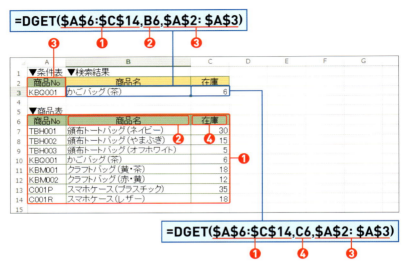

❶ **データベース**にセル範囲 [A6:C14] を絶対参照で指定します。
❷ **フィールド**に商品名のセル [B6] を指定します。
❸ 条件表のセル範囲 [A2:A3] を絶対参照で**条件**に指定します。条件に、商品Noを入力することで、該当する商品名を取得しています。
❹ セル [B3] のDGET関数をオートフィルでセル [C3] にコピーすると、❶❸の**データベース**と**条件**は変更せずに、❷の**フィールド**のみセル [C6] に移動します。ここでは、「在庫」欄から在庫状況を取得しています。

Q 名前から番号の問い合わせはできますか？
A できる場合とできない場合があります。

商品表のように、名前と番号が必ず1：1の関係にある場合は、名前から番号を問い合わせることは可能です。しかし、顧客名簿のように、同性同名が考えられる場合は、名前からのみ番号を問い合わせるのは困難です。生年月日などのAND条件を組み合わせる必要があります。

利用例2　成績上位者を求める　　　　　　　　　　　　　　　　　　DGET_2

成績一覧表から成績上位3名を取得する例です。RANK.EQ（Excel2007以前はRANK）関数を利用して順位を求め、条件に設定しています。

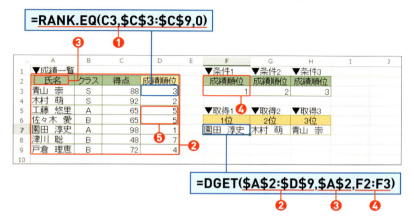

❶ セル［D3］にRANK.EQ関数を入力し、個人の得点（セル［C3］）が成績一覧（セル範囲［C3:C9］）の中で上位から数えて（第3引数「0」）何番目になるかを求めています。

❷ **データベース**にセル範囲［A2:D9］を絶対参照で指定します。

❸ **フィールド**に氏名のセル［A2］を絶対参照で指定します。

❹ 条件表のセル範囲［F2:F3］を**条件**に指定します。セル［F7］のDGET関数をオートフィルでコピーすると、第2位、第3位の氏名が取得されます。

❺ 第5位は2名います。第5位まで求める場合は、条件を増やす必要があります。

RANK.EQ関数やMAX/MIN関数などはデータを特定しやすいですが、必ず1行に特定できるわけではありませんので、状況に応じて条件を追加するようにします。

> **Q DGET関数はエラーになりやすく使いにくいです。この関数を使うメリットは何ですか？**
> **A 該当数が1件であることの証明として利用できます。**
>
> DGET関数は、条件の設定によってデータが抽出できたりできなかったりします。しかし、データが抽出できた場合は、「指定した条件に一致するデータはこれだけです。」という証拠になります。

Section 44 その他のデータベース関数

分類 データベース

対応バージョン 2007/2010/2013

データベース関数は全12種類ありますが、残り5つの関数について、書式と利用例を紹介します。引数の指定方法は、P.156～P.163をご覧ください。

書式 =DPRODUCT(データベース,フィールド,条件)

指定した**データベース**に**条件**を設定して、条件に合うデータ行を絞り込み、指定した**フィールド**の積（掛け算）を求めます。

利用例 2値判定を行う　　　　　　　　　　　　　　　　　　DPRODUCT_1

リスト形式の表は1行1件で完結し、行の前後に関連性がないものが多くあります。ところが、DPRODUCT関数は、条件によって絞られたデータ行を縦方向に掛け算しますので、縦に掛けて何らかの意味が見いだせる場合に利用します。
以下は、2値判定の例です。ここでいう2値とは、「ある,ない」「良い,悪い」「大人,子ども」「男,女」など2つの値に分類できる値を指します。これらを必要に応じて「1」と「0」に置き換え、0は何を掛けても0になる性質を利用し、掛け算を行う意味を持たせています。

❶ **データベース**にアンケート結果のセル範囲 [A3:D33] を指定します。
アンケート結果は、回答No順に入力されているものの、この順番を入れ替えても表の意味を損なうことはありません。つまり、1件1行で完結しており、行の前後の関係性はありません。

❷ **フィールド**に接客態度のセル [C3] を指定します。掛け算をしますので、フィールドに指定するデータは数値で構成されている必要があります。

❸ 条件表のセル範囲 [F3:I4] を**条件**に指定し、性別が男性であることを条件にしています。

> 書式 **=DVAR(データベース,フィールド,条件)**
> **=DVARP(データベース,フィールド,条件)**
>
> 指定した**データベース**に**条件**を設定して、条件に合うデータ行を絞り込み、指定した**フィールド**の分散を求めます。DVAR関数は、母分散の推定値、DVARP関数は母集団とみなした分散を求めます。

> 書式 **=DSTDEV (データベース,フィールド,条件)**
> **=DSTDEVP(データベース,フィールド,条件)**
>
> 指定した**データベース**に**条件**を設定して、条件に合うデータ行を絞り込み、指定した**フィールド**の標準偏差を求めます。DSTDEV関数は、母標準偏差の推定値、DSTDEVP関数は母集団とする標準偏差を求めます。

利用例 成績の分散と標準偏差を求める　　　　DVAR・DSTDEV_1

条件によって抽出したデータ行を標本と見なすのか、母集団と見なすのかはそれぞれの解釈によって異なります。たとえば、学年成績表から1組の成績を取り出し、1組全体を母集団とする場合もあれば、学年から取り出した一部のデータとする場合もあります。ただし、データ数が増えてくると、DVARとDVARP、DSTDEVとDSTDEVPの差はなくなっていきますし、全数調査は事実上困難です。よって、学問的な精緻さを求められている場合を除き、通常はDVAR、DSTDEV関数を利用します。

次ページの図は、担当教諭を条件にした成績の分散と標準偏差を求める例です。ここでは、遠藤先生が担当した生徒の成績の分散と標準偏差を求めています。セル [G3] の担当教諭名を変更すると、それぞれの教諭が担当した生徒の成績の分散と標準偏差の推定値が得られます。

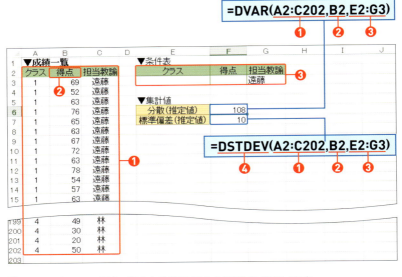

❶ データベースに成績一覧のセル範囲 [A2:C202] を指定します。
❷ フィールドに得点のセル [B2] を指定します。
❸ 条件表のセル範囲 [E2:G3] を指定します。ここでは、担当教諭が「遠藤」を条件にしています。
❹ 関数名を「DSTDEV」に変更し、条件に合うデータ行の母標準偏差の推定値を求めています。❸❹ともに、小数点以下は表示していません。

以下は、1組を母集団と考えた場合の分散と標準偏差です。条件表の「クラス」に「1」と指定しています。関数の引数に変更はありません。関数名をDVARP、DSTDEVPに置き換えています。

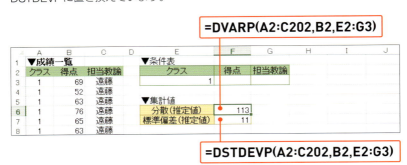

第4章

日付／時刻関数

Section 45	日付と時刻の計算方法
Section 46	TODAY／NOW
Section 47	YEAR／MONTH／DAY
Section 48	DATE
Section 49	EDATE／EOMONTH
Section 50	WORKDAY
Section 51	WORKDAY.INTL
Section 52	NETWORKDAYS
Section 53	NETWORKDAYS.INTL
Section 54	DATEDIF
Section 55	HOUR／MINUTE／SECOND
Section 56	TIME
Section 57	WEEKDAY
Section 58	WEEKNUM

Section 45

分類 日付・時刻 シリアル値

日付と時刻の計算方法

対応バージョン 2007/2010/2013

シリアル値

シリアル値とは、Excel内部で統一的に管理されている日付と時刻を表す数値です。シリアル値は整数と小数で構成されており、整数部が日付、小数部が時刻を表します。

| シリアル値 | 整数部.小数部 |

日付のシリアル値

日付のシリアル値は、「1900年1月1日」を起算開始日の「1」とする整数の通し番号です。日付順に通し番号が割り当てられていますので、うるう年かどうか、今月の月末は30日か、31日かなどを一切気にする必要がありません。以下に日付とシリアル値の対応例を示します。

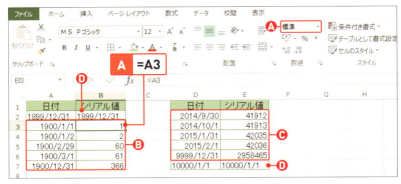

Ⓐ 日付の入ったセルを参照しています。シリアル値を確認するには、セルの表示形式を「標準」に設定します。

Ⓑ 1900年はうるう年でしたが、カレンダー順に連番でシリアル値が割り当てられています。

- **C** 1900年1月1日から開始された連番が続き、9999年12月31日までシリアル値が用意されています。
- **D** 1900年1月1日より前と9999年12月31日より後はシリアル値の範囲外で、シリアル値は表示されません。

時刻のシリアル値

時刻のシリアル値は「24時間で1」とする小数です。当日の午前0時0分0秒を「0」とし、正午の12時で「0.5」、翌日の午前0時は再び「0」にリセットされます。以下に時刻とシリアル値の対応例を示します。

- **E** 日付と同様に、時刻の入ったセルを参照し、セルの表示形式を「標準」に設定すると時刻のシリアル値が確認できます。
- **F** 12時は1日24時間のちょうど半分で「0.5」になります。
- **G** 「24:00」とは翌日の午前0時です。「1.0」の小数部は「0」であり、時刻のシリアル値はリセットされています。整数部の「1」は翌日に日付が1日繰り上がったことを表しています。「48:00」も同様です。

Excelの日付と時刻の認識

■日付の認識

主に「/（スラッシュ）」「-（ハイフン）」「年月日」で区切って入力されたデータは、日付と認識されます。

- **H** 月日のみの入力は今年、年月のみの入力は1日と認識されます。「/」「年月日」も同様です。
- **I** 「.（ピリオド）」で区切る場合は、元号を年月日で入力した場合に限り日付として認識されます。

■ 時刻の認識

「:(コロン)」「時分秒」で区切られたデータは時刻と認識されます。

	区切り文字	セル入力	Excelの認識		その他	セル入力	Excelの認識	
2	:(コロン)	11:30:15	11:30:15			AM 9:00	AM 9:00	J
3		11:30	11:30:00			9:00 am	9:00:00	
4	時分秒	11時30分15秒	11:30:15		AM、PM	9:00 pm	21:00:00	
5		11時30分	11:30:00			9:00 AM	9:00:00	
6		11時	11時			9:00 PM	21:00:00	
7		30分15秒	30分15秒	J				

J 分秒を省略したり、時を省略したりすると時刻として認識されません。また、AM(am)、PM(pm)は大文字・小文字の区別はありませんが、半角スペースを空けないと時刻として認識されません。

日付と時刻の計算

シリアル値が連番の数値であることによって、○日後の日付や日付と日付の間の期間といった計算を行うことができます。

■ 日付の計算例

以下は貸出日から14日後の返却日を求めています。

Excel内部で行われている計算です。

=B2+B3
貸出日に14日を足して返却予定日を求めています。

セルに入力された数値は日にちと認識されます。

■ 時刻の計算例

以下は、6時間後の時刻を求める例です。たんに「6」と入力しても「6日」と認識しますので、24で割って換算する必要があります。

数値は日にちと認識されます。

=B2+B3/24
利用開始時刻から6時間後の終了時刻を求めています。

K 6時間は4分の1日に相当します。時間を24で割って日にち単位に換算します。

日付・時刻の引数名

日付・時刻を引数に指定する関数では、引数名が**シリアル値**と表示されています。

シリアル値

日付や時刻の入ったセルを指定します。直接指定する場合は、「"(ダブルクォーテーション)」で囲みます。以下の例はYEAR関数とHOUR関数の場合です。シリアル値を指定する他の関数も同様です。

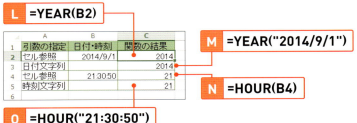

L =YEAR(B2)
M =YEAR("2014/9/1")
N =HOUR(B4)
O =HOUR("21:30:50")

LM YEAR関数は日付データの年を取り出す関数です(P.186)。引数には、日付データのセルを参照するか、「"(ダブルクォーテーション)」で囲んだ日付文字列を指定します。

NO HOUR関数は時刻データの時を取り出す関数です(P.202)。引数には、時刻データのセルを参照するか、「"(ダブルクォーテーション)」で囲んだ時刻文字列を指定します。

日付・時刻関数の○○文字列

日付・時刻関数では、日付文字列、時刻文字列、曜日文字列という用語が出てきます。これらは、シリアル値を引数に直接指定するときに利用します。いずれも「文字列」と付きますので、日付、時刻、曜日の前後を「"(ダブルクォーテーション)」で囲んで指定します。日付文字列、時刻文字列の認識は、P.181とP.182の日付の認識と時刻の認識と同様です。たとえば、「=YEAR("9/1")」と入力すると、今年の日付と認識され、今年の西暦年が表示されます。曜日文字列の作り方は、P.195で紹介しています。

Section 46

分類 日付・時刻の取得

TODAY
NOW

現在の日付と時刻を求める

対応バージョン 2007/2010/2013

書式
=TODAY()
=NOW()

現在の日付と時刻を取得してセルに表示します。引数はありません。

解説

どちらも現在の日付と時刻を求める関数です。セルの表示形式が「標準」の状態(初期状態)で入力しても、TODAY関数は日付、NOW関数は日付と時刻を表示します。

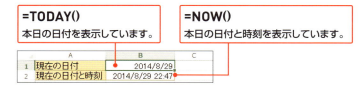

=TODAY()
本日の日付を表示しています。

=NOW()
本日の日付と時刻を表示しています。

	A	B	C
1	現在の日付	2014/8/29	
2	現在の日付と時刻	2014/8/29 22:47	

日付や時刻の形式で表示されるのは、関数の入力を確定したときにセルの表示形式が自動的に「日付」などに変更されるためです。

引数解説

TODAY・NOW_0

TODAY関数とNOW関数は、パソコン内部のシステム時計を参照していますので、指定する引数はありません。

> TODAY関数とNOW関数は引数を指定してはいけない関数です。無理に引数を指定すると、エラーメッセージが表示されます。
>
>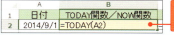
>
> | | A | B |
> |---|---|---|
> | 1 | 日付 | TODAY関数/NOW関数 |
> | 2 | 2014/9/1 | =TODAY(A2) |
>
> **1** TODAY関数に引数を指定し、Enterキーを押します。

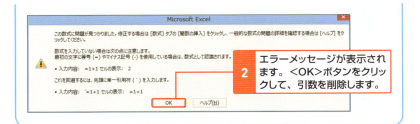

2 エラーメッセージが表示されます。<OK>ボタンをクリックして、引数を削除します。

日付と時刻の更新

常にパソコン内部のシステム時計を参照していますが、セルの表示は関数の入力を確定したときのままで自動更新はされません。日付と時刻を最新の状態に更新するには F9 キーを押します。また、ファイルを開き直したときにも更新されます。なお、表示が更新されないだけで、日付と時刻は最新情報を受け取っていますので、ファイルを閉じるときに変更に対する保存を確認するメッセージが表示されます。ファイルに変更がない場合は、保存しないで閉じてもかまいません。

日付と時刻の表示形式

セルの表示形式を変更して、日付と時刻の表示のしかたを変更できます（P.332）。

	A	B	C
1		TODAY関数	NOW関数
2	関数入力直後	2014/8/29	2014/8/29 23:35
3	表示形式の変更	平成26年8月29日	23時35分
4			

和暦で表示したり、時刻だけ表示したりすることが可能です。

利用例　期限までの残日数を求める　　　　　TODAY・NOW_1

締め切り日から本日の日付を引き算して、期限日までの残り日数を求めています。NOW関数で求めることもできます。

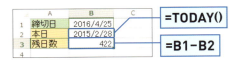

Section 47

YEAR　MONTH　DAY

分類　日付から数値を抽出

日付から年月日の数値を取り出す

対応バージョン　2007/2010/2013

書式　=YEAR(シリアル値)
　　　　=MONTH(シリアル値)
　　　　=DAY(シリアル値)

日付の**シリアル値**から西暦年、月、日の整数を取り出します。

解説　　　　　　　　　　　　　　　　　　　　　　　　　YEAR・MONTH・DAY_0

YEAR関数は日付の西暦年、MONTH関数は日付の月、DAY関数は日付の日をそれぞれ取り出します。取り出した値は整数になります。
以下は、日付形式で入力された生年月日を「年」「月」「日」にセルを分割する例です。「-」や「年、月、日」、「.」など、日付と認識される形式であれば、「西暦年」「月」「日」の整数が取り出せます。

=YEAR(B2)
生年月日の「年」を求めています。

=MONTH(B2)
生年月日の「月」を求めています。

=DAY(B2)
生年月日の「日」を求めています。

3つの関数で年月日に分割した数値は、DATE関数を利用して新たな日付データを作成するときに利用することができます (P.188)。

引数解説

シリアル値

日付データの入ったセルか日付文字列を指定します。3つの関数の結果は次のようになります。

関数	結果	内容
YEAR	1900～9999	シリアル値がサポートする範囲の年数です。
MONTH	1～12	1月～12月の月数です。
DAY	1～月末日	月によって月末日が異なります。

利用例1　本日の日付を年月日に分解する　　YEAR・MONTH・DAY_1

TODAY関数（P.184）を利用して本日の日付を年月日に分解します。

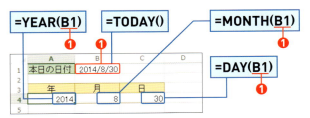

❶ シリアル値に本日の日付のセル[B1]を指定します。

利用例2　スケジュール表を作成する　　YEAR・MONTH・DAY_2

本日の日付をもとに、年と月をタイトルにしたスケジュール表のひな形を作成します。利用例1とほぼ同様です。

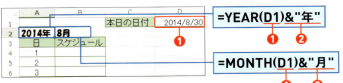

❶ シリアル値に本日の日付のセル[D1]を指定します。
❷ 文字列演算子の「&」を利用して文字をつなげています。

日付の更新に合わせて、年と月が自動的に変化します。この表をひな形にしてワークシートをコピーし、コピーしたシートは年と月が自動的に更新されないように「値の貼り付け」（P.348）を行います。

Section 48

分類　日付の作成

DATE

年月日の数値から日付データを作成する

対応バージョン　2007/2010/2013

書式　=DATE(年,月,日)

年、月、日の数値から日付データ（シリアル値）を作成します。

解説

年、月、日に相当する数値から日付データ（シリアル値）を作成します。下の図は、入会日の日付データを、YEAR関数、MONTH関数、DAY関数を使って年、月、日の数値に分解し、分解した値を使って新しい日付を作成しています。

	A	B	C	D	E	F
1	氏名	入会日	年	月	日	更新期限日
2	荒木　瑠里	2013/6/5	2013	6	5	2015/7/1
3	杉本　朱莉	2013/8/25	2013	8	25	2015/9/1
4	北村　里沙	2012/12/15	2012	12	15	2015/1/1
5	久住　翠	2012/11/16	2012	11	16	2014/12/1

YEAR／MONTH／DAY関数はP.186参照。

=DATE(C2+2,D2+1,1)
入会日の2年後の翌月1日の日付を求めています。

月末日や1日などの日付を作成するには、EOMONTH関数も利用できます（P.190）。

引数解説

DATE_0

年
1900～9999までの整数やセルを指定します。

月
月数の整数やセルを指定します。

日
日にちの整数やセルを指定します。

■ 日付の調整

日付は以下のように調整されます。

Ⓐ 月数の調整です。0月は1月の前の月、すなわち、前年12月に調整されます。-1月は0月の前の月となり、前年11月に調整されます。

Ⓑ 13月は12月の1ヵ月後、すなわち、翌年1月に調整されます。

Ⓒ 日数の調整です。0日は1日の前日、つまり、前月末日に調整されます。-1日は前月末日の1日前です。

Ⓓ 6月は30日までですので、31日は翌月1日に調整されます。

利用例　ID番号から日付を取り出す　　　　DATE_1

顧客ID、社員ID、学籍IDなどに日付を意味する番号が付けられている場合、ID番号から日付を取り出すことができます。

❶ MID関数（P.254）を利用して会員IDから年、月、日に相当する値を取り出しています。「年」は2文字目から4文字分、「月」は6文字目から、「日」は8文字目から、それぞれ2文字分を取り出しています。

❷ ❶で取り出した年、月、日を指定して日付を求めています。

Section 49

EDATE
EOMONTH

分類 日付の計算

指定した月数後の
同日や月末日を求める

対応バージョン 2007/2010/2013

書式
=EDATE(開始日,月)
=EOMONTH(開始日,月)

開始日から月数後や月数前の同日、または、月末日を求めます。

解説

両関数ともに基準になる日付から指定した月数後（月数前）の日付を求めます。特にEOMONTH関数は、「28」「29」「30」「31」と月によって異なる月末日が簡単に求められるので大変重宝します。下の図は翌月の同日と翌月末日を求めています。

	A	B	C	D
1			翌月同日	翌月末日
2	氏名	作業終了日	EDATE関数	EOMONTH関数
3	小松 璃奈	2014/10/5	2014/11/5	2014/11/30
4	結城 咲	2014/11/8	2014/12/8	2014/12/31
5	片岡 沙紀	2014/12/30	2015/1/30	2015/1/31

=EDATE(B3,1)
作業終了日の翌月同日を求めています。

=EOMONTH(B3,1)
作業終了日の翌月末日を求めています。

引数解説

EDATE・EOMONTH_0

開始日
日付データの入ったセルや日付文字列を指定します。

月
開始日からずらす月数を整数で指定します。

■ **セルの表示形式**

セルの表示形式が「標準」(通常設定)の状態で関数を入力すると、関数の結果はシリアル値で表示されますので、手動で「日付」形式に変更します。

Ⓐ 関数の入力直後はシリアル値で表示されます。

Ⓑ 表示形式を「日付」形式に変更すると、日付データが表示されます。

■ **月数の指定**

開始日からずらす月の指定方法は次のとおりです。

Ⓒ 月が「1」以上は翌月以降、「0」は当月、「-1」以下は前月以前にずらします。

Ⓓ 月に「0」を指定すると、開始日の当月末日が求められます。

利用例　指定した月の1日を求める　　EDATE・EOMONTH_1

月末日の翌日は、翌月1日になることを利用して、EOMONTH関数を使って2年後の翌月1日を求めます。同じ日付をDATE関数(P.188)でも求めていますので、合わせてご覧ください。

❶ 入会日から24ヵ月後(2年後)の月末日を求めています。

❷ 月末日に1日足すと翌月1日になります。

この例のように、入会日がシリアル値で求めたい日付が月末や1日の場合は、EOMONTH関数を利用した方が簡単です。DATE関数を利用するときは、基準にする日付がシリアル値の場合、YEAR関数などで年月日を分割する必要があります。しかし、その分フレキシブルな日付作成が可能ですので、状況に合わせて使い分けてください。

191

Section 50

分類 日付の計算

WORKDAY

○○営業日後の日付を求める①

対応バージョン 2007/2010/2013

書式 =WORKDAY(開始日,日数[,祭日])

開始日から土日を除く、指定した営業日数後(前)の日付を求めます。必要に応じて土日以外に営業日から除外する祭日を指定します。

解説

WORKDAY関数は、指定した日付から、土日と休日を除く営業日数後の日付を求めます。休みの日を飛ばし、営業している日付を求めるのに役立ちます。下の図は購入日から3営業日後の配達日を求める例です。

=WORKDAY(B4,3,$E$4:$E$6)
購入日から土日と休日を除く3営業日後の配達日を求めています。

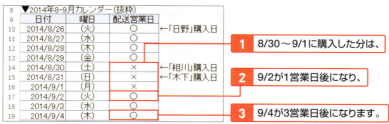

WORDAY関数の結果は、セルの表示形式が通常の「標準」状態で入力すると、シリアル値で表示されます。ここでは、「短い日付形式」に変更して表示しています。なお、土日は営業していて平日が定休日の場合は、Excel2010で追加されたWORKDAY.INTL関数を利用します(P.194)。

引数解説　　　　　　　　　　　　　　　　　　　　　　　　WORKDAY_0

開始日

日付データの入ったセルや日付文字列を指定します。

日数

日数を数値やセルで指定します。

A =WORKDAY(A2,-3)　　**B** =WORKDAY(A2,3)

Ⓐ 「2014/8/27」を開始日とする3営業日前の日付です。前の日付を求めるには**日数**に負の整数を指定します。

Ⓑ 「2014/8/27」を開始日とする3営業日後の日付です。後の日付を求めるには**日数**に正の整数を指定します。

祭日

休日を入力したセル範囲を指定します。自動的に営業日から除外される曜日の日付は入力しませんが、入力されていても問題ありません。また、自動的に営業日から外れる曜日以外の休日がない場合は省略します。

利用例　次回点検日を求める　　　　　　　　　　　　　　WORKDAY _1

起算日から20営業日後の日付を求めます。通常1ヵ月に土日は10日程度ありますので、20営業日後というと、ほぼ1ヵ月後になります。

=WORKDAY(A3,20,D2:F5)　　　祭日に土日を含めても正しく計算されます。

❶ 今回点検日（セル [A3]）を**開始日**とし、20営業日後（**日数**）を指定します。
❷ セル範囲 [D2:F5] を**祭日**に指定し、営業日から除外しています。

193

書式 =WORKDAY.INTL(開始日,日数[,週末][,祭日])

開始日から週末で指定した定休日を除く、指定した営業日数後（前）の日付を求めます。必要に応じて週末以外の休日を祭日に指定します。

解説

WORKDAY.INTL関数は、WORKDAY関数の機能を拡張した関数です（P.192）。WORKDAY関数では、土日が営業日から除外されていましたが、この関数は、定休日にする曜日が選べます。以下に、火曜定休の次回営業日を示します。週末に「13」を指定すると火曜日が除外されます。

=WORKDAY.INTL(A3,1,13,E2:F4)
2014/8/11の次の営業日を求めています。なお、火曜日とお盆休暇は営業日から除外します。

WORDAY.INTL関数の結果は、セルの表示形式が通常の「標準」状態で入力すると、シリアル値で表示されますので、ここでは、あらかじめ「短い日付形式」を設定しています。

引数解説　　　　　　　　　　　　　　　　　　　　　　WORKDAY.INTL_0

開始日　日数　祭日
WORKDAY関数と同様です。P.193をご覧ください。

週末

定休日にする曜日に対応する曜日番号を指定します。また、用意されている曜日番号では定休日の設定ができない場合は、曜日文字列を利用すれば、独自の定休日を設定できます。

▼週末に設定する曜日番号

週末	除外曜日	週末	除外曜日	週末	除外曜日	週末	除外曜日
1［省略］	土、日	5	水、木	11	日	15	木
2	日、月	6	木、金	12	月	16	金
3	月、火	7	金、土	13	火	17	土
4	火、水			14	水		

■ 曜日文字列

先頭桁を月曜日とする7桁で構成し、直接指定するときは前後を「"（ダブルクォーテーション）」で囲みます。

▼曜日文字列の例

定休日	月	火	水	木	金	土	日
月、木	1	0	0	1	0	0	0
水、金	0	0	1	0	1	0	0

0：営業日
1：定休日

=WORKDAY(B1,1,D3)

Ⓐ 曜日文字列をセル参照する場合は、セルの表示形式を「文字列」に設定します。「標準」の状態で入力すると、月曜が勤務日の場合、先頭が「0」になり、数値と見なされて省略されてしまうためです。

> **Memo**
>
> **次回勤務日や翌営業日を自動更新するには**
>
> 上の図のセル［B1］や左ページのセル［A3］の日付をTODAY関数やNOW関数（P.184）にすると、自動的に翌営業日が表示されます。

利用例　　　　　　　　　　　　　　　　　　　　　　NETWORKDAY.INTL _2

P.199をご覧ください。

Section 52

NETWORKDAYS

分類　期間

指定した期間の
営業日数を求める①

対応バージョン　2007/2010/2013

書式　=NETWORKDAYS(開始日,終了日[,祭日])

開始日から終了日までの土日を除く、営業日数を求めます。必要に応じて土日以外に営業日から除外する祭日を指定します。

解説

NETWORKDAYS_0

指定した期間内での勤務日数や営業日数を求めるのに役立つ関数です。たとえば、8月は31日までありますが、土日と夏休みを除外すると実際に勤務したのは15日間だったという場合、NETWORKDAYS関数では、この「15」日間を求めることができます。

	A	B	C	D	E	F	G	H
1	期間	8/1	～	8/31				
2	課員	勤務日数		休暇(土日以外)				
3	飯塚　聡	17	8/12	8/13	8/15			
4	葛西　美咲	15	8/8	8/11	8/12	8/13	8/14	8/15
5	吉沢　和樹	19	8/13	8/14				
6	渡辺　美樹	21						

=NETWORKDAYS($B$1,$D$1,C3:H3)
8/1～8/31までの土日と休暇を除いた勤務日数を求めています。

上の図の中で、休暇欄が空白になっている箇所がありますが、祭日に空白を含めても問題ありません。よって、関数を効率的に入力するオートフィルを利用するために、最も多く休暇を取る人のセル範囲の大きさに合わせて祭日を指定します。ここでは、「葛西　美咲」がH列まで入力されていますので、「飯塚　聡」がF列までの入力であってもH列に合わせます。

なお、土日は営業していて平日が定休日の場合は、Excel 2010で追加されたNETWORKDAYS.INTL関数を利用します(P.198)。

引数解説

開始日 **終了日**
期間の起算日と終了日となる日付データの入ったセルや日付文字列を指定します。

祭日
休日を入力したセル範囲を指定します。自動的に営業日から除外される曜日の日付は入力しませんが、入力されていても問題ありません。また、自動的に営業日から外れる曜日以外の休日がない場合は省略します。

利用例　土日を除く営業日とその日数を求める　　NETWORKDAYS_1

WORKDAY関数とNETWORKDAYS関数を利用して、指定した期間の営業日の日付と営業日数を求めます。また、書き出した営業日をCOUNTIF関数（P.92）で数えると営業日数が求められます。

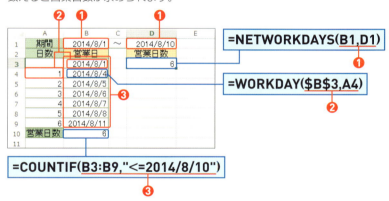

❶ NETWORKDAYS関数の**開始日**にセル［B1］、**終了日**にセル［D1］を指定し、2014/8/1～2014/8/10の土日を除く営業日数を求めています。土日以外の休日はないため、**祭日**は省略します。

❷ WORKDAY関数の**開始日**にセル［B3］を絶対参照で指定し、**開始日**から何営業日後かを表す**日数**をセル［A4］に指定します。ここでは、6営業日後は2014/8/11となります。

❸ COUNTIF関数で、WORKDAY関数で求めた営業日のセル範囲［B3:B8］を数えて営業日数を求めています。このとき、期間の**終了日**は2014/8/10のため、**検索条件**に「"<=2014/8/10"」と指定しています。なお、COUNTIF関数を使うときは、開始日が営業日であることが条件です。

Section 53

分類 期間

NETWORKDAYS.INTL

指定した期間の営業日数を求める②

対応バージョン 2010/2013

書式 =NETWORKDAYS.INTL(開始日,終了日[,週末][,祭日])

開始日から終了日までの週末で指定した定休日を除く営業日数を求めます。必要に応じて営業日から除外する祭日を指定します。

解説

NETWORKDAYS.INTL_0

NETWORKDAYS.INTL関数は、NETWORKDAYS関数の機能を拡張した関数です(P.196)。NETWORKDAYS関数では、土日が営業日から除外されていましたが、この関数は、定休日にする曜日が選べます。
下の図は、各定休日に対する勤務日数を求める例です。

定休日に対応する曜日番号、曜日文字列です。

=NETWORKDAYS.INTL($B$1,$D$1,C3)
8/1～8/31までの定休日を除く勤務日数を求めています。

引数解説

開始日 **終了日** **祭日**
NETWORKDAYS関数と同じです。P.197をご覧ください。

週末
WORKDAY.INTL関数と同じです。P.195をご覧ください。

利用例1　欠勤日を除いた勤務日数を求める　　NETWORKDAYS.INTL_1

左ページの例に欠勤日を加え、勤務日数を求め直します。欠勤した日をセルに入力し、**祭日**に指定します。

	A	B	C	D	E	F	G	H	I	J
1	期間	2014/8/1	～	2014/8/31						
2	氏名	定休日	曜日番号	勤務日数			欠勤日			
3	伊東 祐二	月、火	3	18	8/13	8/14	8/15	8/16	8/17	
4	笠松 悠斗	水、木	5	21	8/11	8/12				
5	神崎 葵	火、金	0100100	20	8/13	8/14	8/15			
6	峰岸 透	土、日	1	19	8/14	8/15				

=NETWORKDAYS.INTL($B$1,$D$1,C3,E3:I3)

❶ **開始日**のセル [B1] と**終了日**のセル [D1] を絶対参照で指定します。
❷ **週末**に曜日番号や曜日文字列の入ったセル [C3] を指定します。
❸ 欠勤した日付のセル範囲 [E3:I3] を**祭日**に指定します。

利用例2　定休日を除く営業日と営業日数を求める　　NETWORKDAYS.INTL_2

P.197の利用例と同様ですが、定休日を「水」「金」としたときの営業日と営業日数を求めます。

❶ **開始日**にセル [B1]、**終了日**にセル [D1] を指定します。
❷ 水、金を定休日にするには、曜日文字列「"0010100"」を指定します。❶❷より、営業日数が求められます。
❸ WORKDAY.INTL関数の**開始日**にセル [B3] を絶対参照で指定し、**開始日**からの経過**日数**をセル [A4] に指定します。

Section 54

DATEDIF

日付の期間を求める

分類 期間

対応バージョン 2007/2010/2013

書式 =DATEDIF(開始日,終了日,単位)

開始日から終了日までの期間を指定した単位で求めます。

解説

2つの日付から期間を求める関数です。年齢、在籍期間、経過期間などさまざまな期間を求めるのに利用できます。下の図は、生年月日から年齢を満○歳○ヵ月まで求めています。

=DATEDIF(B3,$B$1,"Y")
2015/4/1における満年齢を求めています。

	A	B	C	D	E
1	年齢基準日	2015/4/1	年齢		
2	氏名	生年月日	歳	ヶ月	
3	江川 美玖	1998/8/25	16	7	
4	安居 憲明	1995/7/14	19	8	
5	阪木 一彬	2000/5/6	14	10	
6	上野 梓	1992/4/28	22	11	
7					

「江川 美玖」の場合、2015/4/1時点で満16歳7ヵ月となります。

=DATEDIF(B3,$B$1,"YM")
2015/4/1における満年齢を求めた際の1年未満の端数を月単位で求めています。

引数解説

DATEDIF_0

開始日　終了日
期間の開始日と終了日の日付データ（シリアル値）を指定します。

単位
期間を表示する単位を英字で指定します。
次の図は、2014/4/1～2015/7/15までの期間をそれぞれの単位で表示しています。

A `=DATEDIF($B$1,$D$1,B3)`

	A	B	C	D	E	F
1	期間	2014/4/1	～	2015/7/15		
2	種類	単位	値	種類	単位	値
3	満年数	Y	1	1年未満の月数	YM	3
4	満月数	M	15	1ヶ月未満の日数	MD	14
5	満日数	D	470	1年未満の日数	YD	105

Ⓐ 2014/4/1～2015/7/15は満1年が経過しています。
Ⓑ 月数にすると満15ヵ月、日数にすると470日間です。
Ⓒ 満年数、満月数に満たない端数部分の月数や日数です。

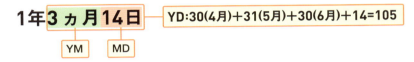

1年**3ヵ月14日**　YD:30(4月)+31(5月)+30(6月)+14=105
　YM　　MD

Memo

DAYS関数

Excel 2013で追加された関数です。書式は「=DAYS(終了日,開始日)」で、DATEDIF関数関数とは引数の順が反対です。動作はDATEDIF関数の単位「D」に相当します。

利用例　目標の日までの期間を求める　　　　　　　　DATEDIF_1

受験日、発表日、誕生日などの特別な日付までの残り日数を求めます。

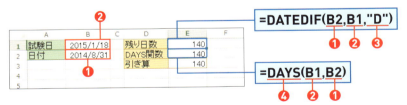

❶❷ **開始日**にセル[B2]、**終了日**に目標の試験日のセル[B1]を指定します。
DATEDIF関数とDAYS関数は引数の指定順序が反対です。

❸ DATEDIF関数の単位は満日数の「"D"」を指定します。

❹ DAYS関数は指定する単位はなく、すべて満日数で求められます。この計算は、セル[E3]に入力している引き算「=B1-B2」と同様です。

Section 55

HOUR MINUTE SECOND

分類　時刻から数値を抽出

時刻から時分秒の
数値を取り出す

対応バージョン　2007/2010/2013

書式
=HOUR(シリアル値)
=MINUTE(シリアル値)
=SECOND(シリアル値)

時刻のシリアル値から、時、分、秒の整数を取り出します。

解説

3つの関数は、時刻を時、分、秒の整数に分解する関数です。
以下は、時刻形式で入力された勤務時間を「時」「分」「秒」のセルに分割しています。

=HOUR(C2)
勤務時間の「時」を求めています。

=MINUTE(C2)
勤務時間の「分」を求めています。

=SECOND(C2)
勤務時間の「秒」を求めています。

上の図をみると、No4の勤務時間は26時間を超えていますが、HOUR関数の結果は「26」ではなく「2」です（セル[D5]）。これは、時刻のシリアル値が24時間で0にリセットされるためです（P.181）。26時間は1日2時間となり、HOUR関数で取り出すのは2時間になります。このようにして取り出した時分秒の数値は、給料を計算するのに役立ちます。

引数解説　　　HOUR・MINUTE・SECOND_0

シリアル値

時刻データのセルか時刻文字列（P.183）を指定します。HOUR関数の結果は0～23、MINUTE／SECOND関数の結果は0～59の整数です。

■ **時刻の調整**

時刻は24時間で1日0時間、60分で1時間0分、60秒で1分0秒のように、一定間隔で繰り上がりとリセットが繰り返されます。

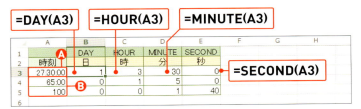

- Ⓐ 「27:30:00」は1日3時間30分0秒です。DAY関数（P.186）を使うと、1日繰り上がっていることがわかります。
- Ⓑ 「65:00」「100」はそれぞれ65分と100秒を表示しています。65分は1時間5分、100秒は1分40秒です。

利用例　時給と勤務時間から給料を求める　　HOUR・MINUTE・SECOND_1

時給は1000円として勤務時間から給料を求めます。

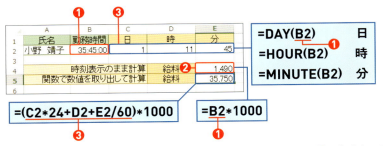

- ❶ 時刻表示の勤務時間のセル[B2]をそれぞれの関数の**シリアル値**に指定し、日、時、分の整数に分割しています。
- ❷ 見た目は35時間45分でも、実際は時刻のシリアル値「1.49」です。このため、「1.49×1000=1490」となり、給料が合いません。
- ❸ 1日は24時間、45分は「45/60」時間です。単位を時給と同じ「時」に換算し、時給1000円を掛けて給料を計算しています。

Section 56

分類 時刻の作成

TIME

時分秒の数値から時刻データを作成する

対応バージョン 2007/2010/2013

書式 =TIME(時,分,秒)

時、分、秒の数値から時刻データ（シリアル値）を作成します。

解説

TIME関数は、時、分、秒に相当する3つの数値から時刻データに変換します。下の図は、2つのセルに分割された時と分から時刻データを作成する例です。「秒」がない場合は、「0」秒と入力します。

	A	B	C	D	E
1	スケジュール	時	分	時刻データ	
2	集合	9	10	9:10 AM	
3	現地入り	9	30	9:30 AM	
4	会場準備・案内	9	55	9:55 AM	
5	説明会開始	10	0	10:00 AM	
6					

=TIME(B2,C2,0)
時と分の数値から時刻データを作成しています。

TIME関数の場合、セルの表示形式が「標準」の状態で入力すると、自動的に時刻形式で表示されます。

引数解説

TIME_0

時
0～23までの整数やセルを指定します。24以上の値は24時間単位で切り捨てられます。

分　秒
0～59の整数やセルを指定します。

■ **TIME関数の表示範囲**
日付と時刻は、24時間で日付が1日繰り上がり、時刻は0にリセットされます。
TIME関数が持つ時刻データの範囲は、0～23:59:59です。

`=TIME(A2,B2,C2)`　　**A** `=D2`

	A	B	C	D	E
1	時	分	秒	TIME関数	TIME関数のシリアル値
2	0	0	0	12:00 AM	0
3	23	59	59	11:59 PM	0.999988426
4	24	0	0	12:00 AM	0
5	25	30	0	1:30 AM	0.0625

Ⓐ TIME関数で作成した時刻データのセル[D2]を参照し、セルの表示形式を「標準」に変更して時刻のシリアル値を表示しています。
このシリアル値はTIME関数が持つ情報です。

Ⓑ 24時間で時刻は0にリセットされます。「25」時「30」分から作成される時刻データは、午前1時30分で、シリアル値は「0.0625」です。

ⒶⒷより、TIME関数では、時に24以上の値を指定すると、日付に繰り上がるデータは切り捨てられ、日付の情報は持たないことがわかります。なぜなら、たんに「12:00 AM」「1：30 AM」と表示されているだけで、繰り上がりの24時間の情報を持っていたならば、シリアル値は「1.0」や「1.0625」になるはずだからです。

Q 24時を超える時刻データを作成するにはどうすればいいですか?
具体的には、上の図の「25」時「30」分を「25:30」と表示し、かつ、シリアル値も1日と1時間30分の情報を持たせたいです。
A VALUE関数（P.274）を利用します。

TIME関数は、24時を超える時刻データを作成できません。以下のようにVALUE関数を利用し、かつ、セルの表示形式を変更します。
VALUE関数は、指定した文字列を数値に変換します。

	A	B	C	D
1	時	分	VALUE関数	VALUE関数のシリアル値
2	24	0	1	1
3	25	30	1.0625	1.0625

`=VALUE(A2&":"&B2)`　**Ⓒ**

D `=C2`

Ⓒ 「&」は、「&」の前後の文字を連結しますので、「A2&":"&B2」は「24:00」と解釈され、VALUE関数によって「24:00」の数値になります。

Ⓓ VALUE関数の入ったセル[C2]を参照し、表示形式は「標準」に設定しています。1を超える値になっており、24時間以上の情報が保持されていることがわかります。

VALUE関数の結果はシリアル値で表示されますので、セルの表示形式を時刻形式に変更します。手順は次のとおりです。

1 VALUE関数の入ったセル範囲[C2:C3]を選択して、Ctrl+1キーを押し、<セルの書式設定>ダイアログボックスを表示します。

2 <表示形式>タブの<ユーザー定義>から、「[h]:mm:ss」を選択し、<OK>ボタンをクリックします。

 ※組み込みの表示形式一覧に上記の書式記号が見当たらない場合は、<種類>をクリックして、「[h]:mm:ss」を入力します。

3 24時間を超える時刻形式で表示されます。

	A	B	C	D	E	F	G
1	時	分	VALUE関数	VALUE関数のシリアル値			
2	24	0	24:00:00	1			
3	25	30	25:30:00	1.0625			
4							

■時刻の調整

分と秒に60以上の値が指定された場合、時刻は60分で1時間0分、60秒で1分0秒のように、一定間隔で繰り上がりとリセットが繰り返され、時刻調整が行われます。

	A	B	C	D	E
1	時	分	秒	TIME関数	
2	10	59	59	10:59:59	
3	10	60	0	11:00:00	←E
4	10	59	60	11:00:00	←F
5					

`=TIME(A2,B2,C2)`

E 分に「60」を指定すると、1時間に繰り上がり、10時60分は11時0分になります。

F 秒に「60」を指定すると、1分に繰り上がり、10時59分60秒は10時60分0秒になり、60分が1時間に繰り上がって11時になります。

利用例　タイムスケジュールを作成する　　　　　　　　　TIME_1

P.204の解説のスケジュールは、「時」「分」が入力されていましたが、ここでは、集合時間の「時」「分」を基準に、あとのスケジュールは○時間、○分といった所要時間に変更します。

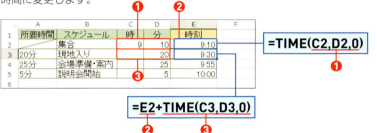

① 集合の「時」「分」のセル [C2] とセル [D2] を時、分に指定し、秒は「0」を入力して集合時刻を作成しています。

② 集合時刻から20分後の時刻を作成するため、①で作成した時刻のセル [E2] を指定します。

③ 「20」分をTIME関数で作成し、②と合計します。セル [C3] は空白です。空白セルは「0」と見なされます。

②③により、現地入り以降の時刻は「分」を累計して求めています。そこで、TIME関数の分にSUM関数（P.20）を組み合わせると、関数が1つにまとまります。

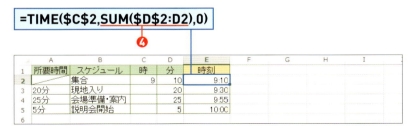

④ SUM関数の数値に [$D$2:D2] と指定し、オートフィルで下方向にコピーするたびに終点のセル [D2] がセル [D3]、[D4] とずれ、分が累計されます。

207

Section 57

分類 週・曜日番号

WEEKDAY

日付から曜日番号を求める

対応バージョン 2007/2010/2013

書式 =WEEKDAY(シリアル値[,種類])

日付の**シリアル値**に対応する曜日の番号を求めます。**種類**は、日曜〜土曜日の7曜日のうち、どの曜日を基準にするのかを指定します。

解説

日付にはそれぞれ曜日が対応していますが、WEEKDAY関数は、曜日に0〜6、または、1〜7の番号を振る関数です。求めた曜日番号は、他の関数の引数に利用される場面がほとんどです。WEEKDAY関数の役割は目的を達成するのに必要な情報を求めることにあります。

以下の図は、平日と土日の売上高を分けて集計することが目的です。この目的にあたる集計は、SUMIF関数(P.28)を利用し、平日と土日に分ける部分でWEEKDAY関数が役に立っています。

=SUMIF(C2:C8,"<=5",D2:D8)
曜日番号が5以下(平日)の売上高を合計しています。

	A	B	C	D	E	F	G
1	日付	曜日	曜日番号	売上高		月-金の売上	5,200
2	2014/9/1	月	1	1,500		土日の売上	5,300
3	2014/9/2	火	2	1,000			
4	2014/9/3	水	3	800			
5	2014/9/4	木	4	900			
6	2014/9/5	金	5	1,000			
7	2014/9/6	土	6	2,500			
8	2014/9/7	日	7	2,800			

1〜5は平日、6と7は土日に分けられます。

=WEEKDAY(A2,2)
日付から月曜日を1とする曜日番号を求めています。

引数解説

WEEKDAY_0

シリアル値

日付データの入ったセルを指定します。

種類

基準にする曜日に対応する「1〜3」「11〜17」の番号を指定します（下図参照）。
Excel 2007は「1」「2」「3」のいずれかを指定できます。

日付	曜日	1	2	3	11	12	13	14	15	16	17
2014/9/1	月	2	1	0	1	7	6	5	4	3	2
2014/9/2	火	3	2	1	2	1	7	6	5	4	3
2014/9/3	水	4	3	2	3	2	1	7	6	5	4
2014/9/4	木	5	4	3	4	3	2	1	7	6	5
2014/9/5	金	6	5	4	5	4	3	2	1	7	6
2014/9/6	土	7	6	5	6	5	4	3	2	1	7
2014/9/7	日	1	7	6	7	6	5	4	3	2	1

種類（11以降はExcel2010/2013のみ対応）

指定した種類によって得られる曜日番号です。

利用例　定期的なスケジュールを入力する

WEEKDAY_1

月曜日は塾、火曜日はピアノなどと毎週決まったスケジュールを自動的に入力します。この目的を直接達成するのはCHOOSE関数（P.214）です。WEEKDAY関数は、値リストに対応するインデックスを求める部分で役に立ちます。ここでは、日曜に空手、水曜と金曜に塾とします。

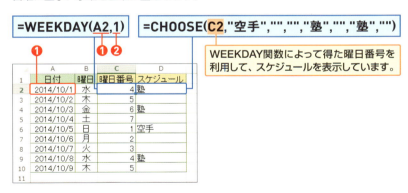

=WEEKDAY(A2,1) =CHOOSE(C2,"空手","","","塾","","塾","")

WEEKDAY関数によって得た曜日番号を利用して、スケジュールを表示しています。

❶ WEEKDAY関数のシリアル値にセル[A2]を指定します。

❷ 種類に「1」を指定し、日曜日〜土曜日が「1〜7」になるようにしています。

書式 =WEEKNUM(シリアル値[,週の基準])

日付の シリアル値 に対応する、その年の週番号を求めます。週の基準 は、週のはじまりを何曜日にするのかを指定します。

解説

WEEKNUM関数は、その年の第何週目にあたるのかを求めます。求めた週番号は、他の関数の引数に利用される場面がほとんどです。WEEKDAY関数（P.208）と同様に、目的を達成するのに必要な情報を求めるのがWEEKNUM関数の役割です。以下の図は、第40週の売上高を集計しています。主目的である売上高は、SUMIF関数（P.28）を利用し、週番号を特定するのにWEEKNUM関数が利用されます。

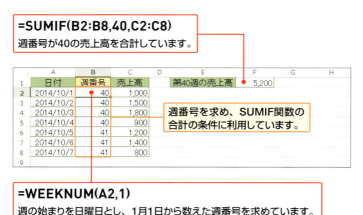

=SUMIF(B2:B8,40,C2:C8)
週番号が40の売上高を合計しています。

週番号を求め、SUMIF関数の合計の条件に利用しています。

=WEEKNUM(A2,1)
週の始まりを日曜日とし、1月1日から数えた週番号を求めています。

引数解説　　　　　　　　　　　　　　　　　　　　　WEEKNUM_0

シリアル値
日付データの入ったセルを指定します。

週の基準
週の始まりを何曜日にするかを数値で指定します。Excel2007では、「1」「2」のいずれかを指定できます。週の基準が「21」以外は、その年の1月1日を含む週を第1週とします。

▼週の基準と週番号（2015年1月の場合）

	A	B	C	D	E	F	G	H	I	J	K	L	M
1	2015年1月カレンダー												
2							週の基準						ISOWEEKNUM
3			日	月	月	火	水	木	金	土	日	月*	
4	日付		1	2	11	12	13	14	15	16	17	21	
5	1/1	木	1	1	1	1	1	1	1	1	1	1	1
6	1/2	金	1	1	1	1	1	1	2	1	1	1	1
7	1/3	土	1	1	1	1	1	1	2	2	1	1	1
8	1/4	日	2	1	1	1	1	1	2	2	2	1	1
9	1/5	月	2	2	2	1	1	1	2	2	2	2	2
10	1/6	火	2	2	2	2	1	1	2	2	2	2	2
11	1/7	水	2	2	2	2	2	1	2	2	2	2	2
12	1/8	木	2	2	2	2	2	2	2	2	2	2	2
13	1/9	金	2	2	2	2	2	2	3	2	2	2	2
14	1/10	土	2	2	2	2	2	2	3	3	2	2	2

　　　　　　　　　　Ⓐ　　　　　Ⓑ　　　　　　Ⓒ

上の図より、週の基準「1」と「17」、及び「2」と「11」は同じです。

Ⓐ 週の基準「12」は火曜日始まりです。1/6（火）から第2週になります。他の週の基準も同様です。

Ⓑ 上述より、1月1日は第1週です。2015年1月は、1/2が金曜日のため、週の基準「15」の金曜日始まりは、1/2から第2週になります。

Ⓒ 週の基準「21」は、月曜日始まりですが、その年の最初の木曜日を含む週を第1週とします。2015年1月は1日が木曜日であり、この週が第1週で、翌月曜から第2週になります。

ISOWEEKNUM関数

Excel 2013で追加された関数です。書式は「=ISOWEEKNUM(日付)」です。「日付」はWEEKNUM関数のシリアル値と同じです。この関数はWEEKNUM関数の週の基準が「21」の場合に相当します。

利用例　週単位のスケジュールを入力する　　　WEEKNUM_1

WEEKDAY関数では、曜日単位の定期的なスケジュールを入力する方法を紹介していますが（P.209）、週単位のスケジュールを入力する場合はWEEKNUM関数を利用すると便利です。
ここでは、VLOOKUP関数（P.216）を利用して、スケジュールに入力します。

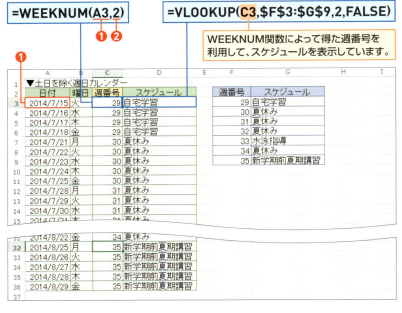

❶ WEEKNUM関数の**シリアル値**にセル[A3]を指定します。
❷ **週の基準**に「2」を指定し、月曜日始まりになるようにしています。

WEEKNUM関数を利用すると、1日ごとのスケジュールを用意する必要がなくなるので便利です。その代わり、同じデータが続きますので、必要に応じてVLOOKUP関数を削除すると、すっきりとしたスケジュール表になります。

第5章

検索/行列関数

Section 59	CHOOSE
Section 60	VLOOKUP①
Section 61	VLOOKUP②
Section 62	LOOKUP
Section 63	INDEX①
Section 64	INDEX②
Section 65	MATCH

書式 =CHOOSE(インデックス,値1[,値2,…,値N]) N=1〜254

1から始まる整数のインデックス番号に対応する値Nを表示します。

解説

CHOOSE関数は検索データを引数内に持つ関数です。検索データは、インデックス番号順に値1から順に指定しておきます。そして、インデックスを指定することにより、対応する値Nが取り出されます。この関数は、性別の「1:男性,2:女性」やアンケートの「1:良い,2:普通,3:悪い」など、数字とデータが対応している場合に利用すると便利です。
下の図は、職種コードから職種を表示する例です。

=CHOOSE(B2,"会社員","自営業","パート","学生","その他")
職種コードに対応する職種を表示しています。

値Nには直接データを指定できますので、CHOOSE関数を動作させるだけなら番号とデータの対応表は不要ですが、ここでは、明示するために対応表を作成しています。また、この対応表を用いて、値Nをセル参照することも可能です。

引数解説

CHOOSE_0

インデックス

1～254までの整数を指定します。

=CHOOSE(B2,"高い","普通","安い")

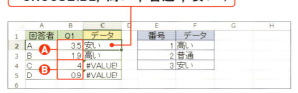

Ⓐ 小数点を含む**インデックス**を入力した場合、小数点以下は切り捨てられます。切り捨てた値が**値N**にある場合は、該当する値が表示されます。

Ⓑ **値N**に用意されていない**インデックス**や1未満の**インデックス**は、[#VALUE!]エラーになります。

値N

インデックスの1～254は、**値1**～**値254**に対応しています。**値N**には、文字、数値、数式（利用例参照）などが指定できます。

利用例　要求に基づく計算を行う

CHOOSE_1

値Nに数式を設定しておき、集計コードに基づいて計算を行います。

=CHOOSE(F6,SUM(C3:C24),COUNTA(B3:B24),AVERAGE(C3:C24))
　　　　　❶　　　❷　　　　　　　❸　　　　　　　❹

	A	B	C	D	E	F
1	▼寄付申込状況				▼集計コード	
2	受付日	氏名	寄付金額		1	合計
3	10月1日	佐藤 美智子	10,000		2	人数
4	10月1日	江崎 紀子	5,000		3	平均/人
5	10月3日	吉川 佳世	5,000			
6	10月4日	里見 浩太	20,000		集計コード	3
7	10月4日	渡辺 雄一郎	5,000		集計結果	9,000

❶ **インデックス**に集計コードを入力するセル[F6]を指定します。

❷❸❹ 寄付金の合計、寄付の申し込み人数、1人当たりの寄付金額を求める関数をそれぞれ指定しています。集計する範囲は多めに取り、人数の増加に対応できるようにします。SUM関数はP.20、COUNTA関数はP.86、AVERAGE関数はP.98をご覧ください。

Section 60

VLOOKUP①

分類 値の検索

検索キーに一致する
データを検索する

対応バージョン 2007/2010/2013

書式 =VLOOKUP(検索値,範囲,列番号[,検索方法]) 検索方法は[FALSE]

検索値を範囲の左端列で検索し、検索値に一致する列番号のデータを求めます。
列番号は範囲の左端列を1列目と数えます。

解説

VLOOKUP関数を使うと、キーワード検索ができます。キーワードを、あらかじめ準備した表で探し、キーワードに該当するデータを表示します。商品コードから商品名や価格を検索したり、社員名から所属などの社員情報を検索したりと、さまざまな場面で利用できます。
この関数には引数が多いので、キーワード検索の流れに沿って考えると、引数の関係がつかみやすくなります。

引数解説

VLOOKUP1_0

検索値
探したいデータの手掛かりになる値を指定します。

Q. 検索キーが、検索に使う表内で重複していたら、どうなりますか?
A. 先頭から検索し、最初に見つかった検索キーのデータを表示します。

検索値には、コード番号などの重複のないデータを指定するのが原則です。VLOOKUP関数は、範囲の左端列の先頭から検索を開始しますので、先に見つかったデータが表示されます。下の図は、重複データがある「部門」を検索値にして商品名を取り出す例です。

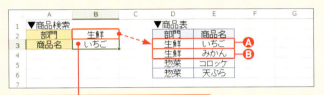

`=VLOOKUP(B2,D3:E6,2,FALSE)`

Ⓐ 「生鮮」を検索値にして商品表を検索すると、最初に見つかった生鮮が検索され、「いちご」と表示されます。

Ⓑ 「生鮮」を検索値に指定している限り「みかん」は検索されません。「みかん」を検索できるようにするには、商品番号など、「みかん」を一意に特定できる重複のないデータを検索値に指定する必要があります。

範囲

検索に使うセル範囲を指定します。

■ 範囲のルール

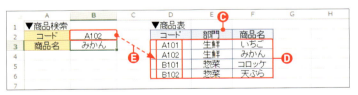

Ⓒ 検索に使う表は、先頭行に列見出しがあり、見出しに沿ったデータが縦方向に並ぶリスト形式にします。

Ⓓ 指定する範囲に先頭行の列見出しは含めません。

Ⓔ 検索値に該当するデータは範囲の左端の列に配置します。

列番号

範囲の左端列は1列目と数えます。このとき、検索したいデータが範囲の何列目にあるのかを、列番号として指定します。

検索方法

検索値に完全に一致するデータを検索する場合は［FALSE］を指定します。検索値に近いデータを検索する場合は［TRUE］を指定するか、または省略します。［TRUE］の場合の解説は、P.224をご覧ください。

Q 検索キーが検索に使う表の左端にないときはどうするのですか?
A 検索キーの入った列が左端になるように選択範囲を調整します。

既存のリスト形式の表を範囲として使いたい場合、検索値が都合よくリストの左端列にあるとは限りません。この場合は、検索値が左端になるように範囲を調整します。範囲に表全体を指定する必要はありません。下の図は、料金表の2列目にある種別を検索値にしたい場合です。

F 料金表の「コード」は除外し、セル範囲［E3:F6］を範囲に指定して、「種別」が左端になるようにします。

G 「種別」を1列目としますので、料金は2列目になります。

検索キーにワイルドカードを使う

実は、VLOOKUP関数の検索値にはワイルドカードが利用できます。たとえば、「A＊」（Aで始まる）などと指定できます。ただし、ワイルドカードを使うと、検索値に該当するデータが複数見つかる確率が高くなります。すると、P.217のQ&Aのように最初に見つかったデータしか検索できません。ワイルドカードを使う場合は、「A??1」（Aではじまり4文字目が1）など、より詳しく指定し、一意に特定できるようにする必要があります。

検索キーより左側の列は検索できませんか?
できません。VLOOKUP関数は検索キーの右側の列を検索対象としています。

検索したいデータを検索キーの右側にコピーできる場合は、検索キーの右側に配置してからVLOOKUP関数を利用します。

=VLOOKUP(B2,E3:G6,3,FALSE)

	A	B	C	D	E	F	G	H	I
1	▼料金検索			▼料金表					
2	種別	高校生		コード	種別	料金	コード		
3	コード	102		101	大人	700	101		
4				102	高校生	500	102		
5				103	中学生	300	103		
6				104	小学生以下	無料	104		
7									

「種別」より右側にコピーします。

上の図は、「種別」から「コード」を検索したい場合です。検索値より左側は検索できませんので、検索値の右側にデータをコピーしてVLOOKUP関数を利用しています。なお、コピーなどができない表の場合は、LOOKUP関数を利用して検索できる場合があります(P.226)。

以下の場合はエラーになります。

=VLOOKUP(A3,D3:F6,3,FALSE)

	A	B	C	D	E	F	G	H
1	▼商品検索			▼商品表				
2	コード	商品名		コード	部門	商品名		
3	C105	#N/A	← ❶	A101	生鮮	いちご		
4		#N/A		A102	生鮮	みかん		
5		❷		B101	惣菜	コロッケ		
6				B102	惣菜	天ぷら		
7								

「C105」はありません。

❶ 検索値が範囲の左端列で見つからない場合は[#N/A]エラーになります。探しても見つからないケースです。

❷ 検索値が空白の場合は[#N/A]エラーになります。探す値がないケースです。

検索値と範囲の左端列のセルの表示形式が違っているときも、エラーが発生します。以下の図は、コード番号が数字になっている場合です。見た目では、エラーの原因はわかりません。

=VLOOKUP(A3,D3:F6,3,FALSE)

	A	B	C	D	E	F
1	▼商品検索			▼商品表		
2	コード	商品名		コード	部門	商品名
3	101	#N/A		101	生鮮	いちご
4				102	生鮮	みかん
5				103	惣菜	コロッケ
6				104	惣菜	天ぷら

J 検索値「101」は範囲にもありますが、[#N/A]エラーになります。

エラーの原因は、セルの表示形式にあります。

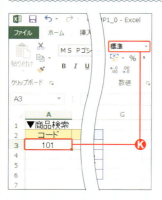

KL 検査値「101」は「標準」形式ですが、範囲の左端列は「文字列」形式です。

エラーを解消するには、セルの表示形式をどちらかに合わせる必要があります。
ここでは、検査値のセル[A3]を「文字列」に変更します。
なお、文字列として入力した数字は表示形式を「標準」や「数値」に変更しても数値として認識されません。数値を文字列に変更する場合も同様です。表示形式を変更した後、改めてデータを入力し直す必要があります（**M**）。

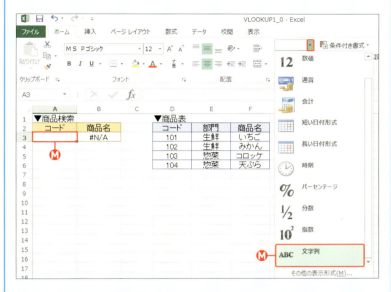

Ⓜ 検査値をいったん Delete キーでクリアし、セルを「文字列」形式に変更します。なお、入力したまま［文字列］に変更しても［#N/A］は解消されません。

Ⓝ 検査値にコードを入力し直すと、該当するデータが検索されます。

このエラー例から、VLOOKUP関数は、たんにセルに表示されている値だけを検索しているのではなく、セルの表示形式まで一致しているかどうかを見ていることがわかります。

なお、このような、見ただけでは原因がよくわからないエラーの場合は、範囲の左端列の任意のデータを検索値にコピーして使ってみることをおすすめします。範囲のデータを使いますので、検索結果が表示されます。コピーした値なら正しく検索できるのであれば、見た目だけでは判断のつかない違いがある証拠です。コピーしたセルは範囲のセルの値だけでなく、表示形式の情報もコピーしていますので、その後は検査値に調べたい値を入力すれば検索できるようになります。

221

利用例1 商品表から商品名と単価を表示する　　　VLOOKUP1_1

商品コードを検索キーにして商品表から商品名と単価を表示します。
ここでは、商品表を別のワークシートに作成し、商品表のデータ範囲に「商品台帳」という名前（P.328）を設定しています。

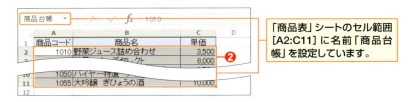

「商品表」シートのセル範囲[A2:C11]に名前「商品台帳」を設定しています。

=VLOOKUP($A3,商品台帳,2,FALSE)
　　　　　　❶　　　❷　　　❸　❹

	A	B	C	D	E	F	G	H
1	ご利用明細							
2	商品コード	商品名	単価	数量	小計			
3	1015	世界のチーズセレクト	8,000	1	8,000			
4	1035	ご当地ビール詰め合わせ	5,500	1	5,500			
5	1045	バイヤー特選　ワイン（白）	3,000	2	6,000			
6			#N/A		#N/A			
7			#N/A		#N/A			
8		税抜き合計金額			#N/A			
9								

=VLOOKUP($A3,商品台帳,3,FALSE)
　　　　　　　　　　　　　❺

❶ **検索値**に商品コードのセル[A3]を列のみ絶対参照で指定します。
❷ **範囲**に商品台帳と入力します。自動的にセル範囲[A2:C11]が絶対参照されます。
❸ 商品名は商品台帳の2列目ですので、**列番号**に「2」を指定します。
❹ 商品コードに一致するデータのみ検索しますので、**検索方法**に[FALSE]を指定します。
❺ **列番号**を「3」に変更すると単価が検索されます。

検索値を列のみ絶対参照にする理由

セル[B3]に入力したVLOOKUP関数を、右列の「単価」にコピーして使いたいからです。1列右にコピーしたとき、検索値のセル参照をずらしたくありませんので、列のみ絶対参照にしています。

範囲に名前を利用する

セル範囲に付けた名前は絶対参照されますので、セル[B3]に入力した関数を下方向にコピーしても、参照範囲がずれません。また、「$A$2:$C$11」と指定するよりも関数が見やすくなるメリットもあります。

利用例2 エラー表示を回避する　　　　　　　　　　　VLOOKUP1_2

利用例1の[#N/A]エラーを回避します。エラーを回避するには、IFERROR関数（P.286）を利用します。

❶ IFEEROR関数の値にVLOOKUP関数を指定します。
❷ 商品名は、値がエラーの場合、長さ0の文字列を表示します。
❸ 単価は、値がエラーの場合、0を指定します。❷と同じ長さ0の文字列を指定すると「小計=文字×数量」となり[#VALUE!]エラーになります。

単価のエラー回避に文字列を指定したため、小計の掛け算ができずにエラーになります。

単価のセル範囲[C3:C7]には、セルの表示形式を変更し、「#,###」と設定します。すると、0の場合はセルに何も表示されなくなります。セルの表示形式については付録P.332をご覧ください。

Section 61

分類　値の検索

VLOOKUP②

検索キーに近いデータを検索する

対応バージョン　2007/2010/2013

書式　**=VLOOKUP(検索値, 範囲, 列番号 [, 検索方法])**　検索方法はTRUE

検索値を**範囲**の左端列で検索し、**検索値**を超えない**列番号**のデータを求めます。
列番号は**範囲**の左端列を1列目と数えます。

解説

P.216のVLOOKUP関数では、**検索値**に一致するときだけデータを表示する、**検索方法**がFALSEの場合を紹介しました。ここでは、**検索方法**にTRUEを指定し、検索キーに近い値を**検索値**と見なして、対応するデータを表示しています。

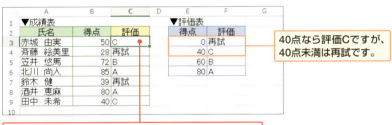

40点なら評価Cですが、40点未満は再試です。

=VLOOKUP(B3,$E$3:$F$6,2,TRUE)
得点を評価表で検索し、該当する評価を表示しています。

上の図は、成績表の得点を**検索値**として、評価表の左端列「得点」を検索し、**2列目**の評価を表示します。ここで、**検索方法**に [FALSE] を指定すると、評価表の得点とぴったり一致する得点しか評価されなくなり、値がおかしくなります。そこで、**検索方法**に [TRUE] を指定して、**検索値**に範囲を持たせ、それぞれの得点に応じた評価ができるようにします。「**検索値**に近い**範囲**の左端列のデータ」とは、**検索値**の値より小さく、最も近いデータです。

引数解説 　　　　　　　　　　　　　　　　　　　　　　VLOOKUP2_0

検索値　**列番号**　**検索方法**

P.216〜P.221をご覧ください。

範囲

検索方法が［TRUE］の場合もP.217の範囲のルールに従います。さらに、下記のルールが1つ加わります。

Ⓐ **範囲**の左端列のデータは昇順（値の小さい順）に並べます。

利用例　金額に応じた割引額を検索する　　　　　　　VLOOKUP2_1

合計金額に応じた割引額をVLOOKUP関数で検索します。

❶ **検索値**に税抜き合計金額のセル［E8］を指定します。
❷ **範囲**に割引表のセル範囲［G3:H7］を指定します。
❸❹ 割引額は範囲の2列目です。**列番号**に「2」を指定し、近似検索を行いますので、**検索方法**に［TRUE］を指定します。

上の図の商品名と単価には、**検索方法**が［FALSE］の場合のVLOOKUP関数を入力しています（P.222）。

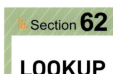

Section 62

LOOKUP

分類　値の検索

検索キーから
該当する値を検索する

対応バージョン　2007/2010/2013

書式 =LOOKUP(検査値,検査範囲,対応範囲)　ベクトル形式

検査値を1列（1行）で構成される検査範囲で検索し、検査範囲と相対的に
同じ位置にある対応範囲の値を表示します。

解説

LOOKUP関数は、検索キーを探す範囲（検査範囲）と表示したいデータの範囲（対応範囲）が1列、または、1行で対応付けされている場合に利用できます。下の図に示すように、検査範囲と対応範囲はデータが1対1に対応付けされていれば、離れていたり、ずれていたりしてもかまいません。

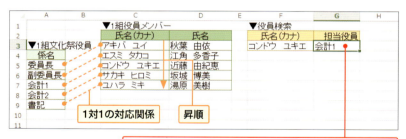

=LOOKUP(F3,C3:C7,A5:A9)
「コンドウ　ユキエ」をメンバー表の氏名（カナ）欄から探し、
対応する文化祭役員名を表示しています。

上の図に示すように、検索範囲の左側にあるデータが検索できます。その代わり、
検査範囲のデータは昇順に並べるという制約があります。

引数解説

LOOKUP_0

検査値
探したいデータの手掛かりになる値を指定します。

検査範囲

検査値を検索する1行または1列で構成されるセル範囲を指定します。また、セル範囲内のデータは昇順に並んでいる必要があります。なお、英字の大文字と小文字は区別しません。

対応範囲

求めたい値の入った、1行または1列で構成されるセル範囲を指定します。

Ⓐ **検査範囲**はデータを昇順に並べておきます。
Ⓑ **検査範囲**を昇順に並べ替えたため、商品コードの順序が入れ替わります。**検査範囲**を昇順に並べる制約のために、表の見た目が悪くなる場合があります。

> **Q** 検査範囲のデータを昇順に並べ替えても正しく検索できません。
> **A** 検査範囲に漢字で始まる文字がある場合は、「ふりがなを使わない」方法で昇順に並べ替えます。

検査範囲に漢字で始まる文字がある場合、単に＜データ＞タブの＜昇順＞ボタンで並べ替えても、正しい検索ができない場合があります。

Ⓒ 「ヒマワリの種」を、漢字で始まる「向日葵の種」に変更します。
Ⓓ 正しい検索結果が表示されません。

E「アサガオの種」を「朝顔の種」に変更すると、「ミニトマトの種」が**検索範囲**にあるのにも関わらず、[#N/A]エラーが発生します。

このエラーを解消する簡単な方法は、下の図のように、漢字ではなく、カナや英字で始まるデータを**検査範囲**にします。この場合も、昇順に並んでいることを確認した上で操作します。

すべてカナで始まるデータを検査範囲に指定します。

すべて英字で始まるデータを検査範囲に指定します。

根本的に解決する方法は、**検査範囲**に指定するデータの昇順の並べ替え方にあります。Excelでは、漢字を並べ替える際、「ふりがなを使う」並べ替えと「ふりがなを使わない」並べ替えの2通りがあり、通常は「ふりがなを使う」に設定されています。
実は、LOOKUP関数が要求している昇順とは「文字コード順」であり、それは、「ふりがなを使わない」並べ方に相当します。
漢字を含む**検査範囲**を昇順に並べ替える手順は、次のとおりです。

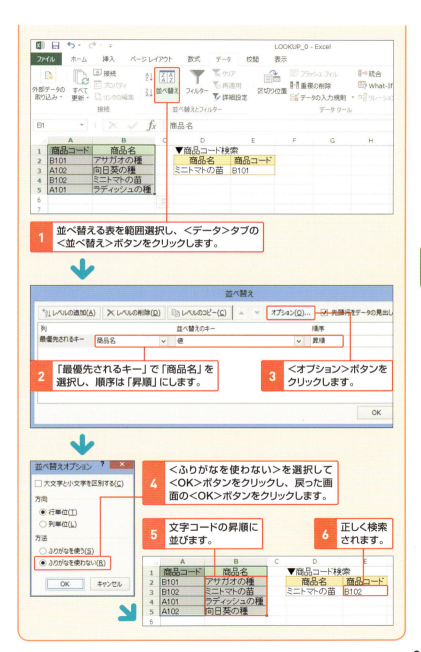

Section 63

INDEX①

分類 **位置検索**

行と列の交点の
データを検索する

対応バージョン 2007/2010/2013

書式 =INDEX(配列,行番号[,列番号])　配列形式

配列の先頭を1行1列目とするとき、指定した行番号と列番号の交点のセルの値を表示します。

解説

VLOOKUP関数（P.216）やLOOKUP関数（P.226）が、検索キーを利用したデータ検索であるのに対し、INDEX関数は位置検索です。表の行見出しと列見出しの位置を指定して、交点のセルの値を求めます。
下の図は、座席表の指定した位置の名前を検索する例です。

=INDEX(B5:F9,C1,C2)
セル [B5] を基点に、3行4列目の名前を検索しています。

3行4列目の交点のデータを検索します。

引数解説

INDEX1_0

配列
検索対象のセル範囲を指定します。

行番号　列番号
配列の先頭を1行1列目とするとき、何番目の位置にあるのかを数値や数値の入ったセルで指定します。

■配列が1行構成の場合

Ⓐ 配列が1行で構成されている場合は、**行番号**は1または省略できます。**行番号**を省略する場合、**列番号**の指定がありますので、引数を区切る「,」は省略できません。

■配列が1列構成の場合

Ⓑ 配列が1列で構成されている場合は、**列番号**は1または省略できます。**列番号**はINDEX関数の最後に指定する引数ですので、省略することができます。

■配列の基点
配列は指定したセル範囲の先頭を1行1列目としますので、指定する範囲によって基点が変わり、**行番号**、**列番号**も1行1列分ずれます。

Ⓒ セル[B5]を基点に3行1列目が「No3の商品名」です。
Ⓓ セル[A4]を基点にすると、「No3の商品名」は4行2列目になります。

利用例　　　　　　　　　　　　　　　　　　　　　　　　　MATCH_1

P.238をご覧ください。

Section 64

分類 位置検索

INDEX②

配列内の行全体または列全体を検索する

対応バージョン 2007/2010/2013

書式 {=INDEX(配列,行番号,0)} 配列内の行全体
{=INDEX(配列,0 ,列番号)} 配列内の列全体

列番号に0を指定した場合、**配列**の上端を1行目とする**行番号**の行データを検索します。**行番号**を0にした場合は、**配列**の左端を1列目とする**列番号**の列データを検索します。

解説

INDEX関数は、表の行見出しと列見出しの交点のデータを求めるという使い方（P.230）のほかに、配列の行単位、列単位の検索ができます。配列の行全体、列全体を一度に検索するため、配列数式（P.344）で入力する必要があります。
下の図は、商品表から商品コード、商品名、単価の商品情報をまとめて取り出す例です。

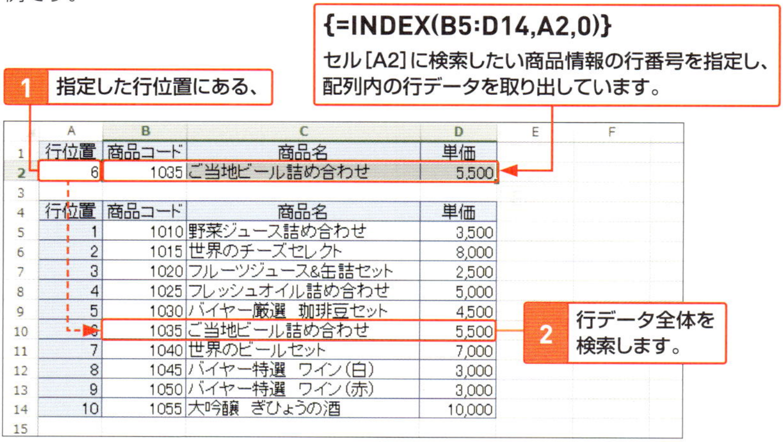

{=INDEX(B5:D14,A2,0)}
セル[A2]に検索したい商品情報の行番号を指定し、配列内の行データを取り出しています。

1 指定した行位置にある、

	A	B	C	D	E	F
1	行位置	商品コード	商品名	単価		
2	6	1035	ご当地ビール詰め合わせ	5,500		
3						
4	行位置	商品コード	商品名	単価		
5	1	1010	野菜ジュース詰め合わせ	3,500		
6	2	1015	世界のチーズセレクト	8,000		
7	3	1020	フルーツジュース&缶詰セット	2,500		
8	4	1025	フレッシュオイル詰め合わせ	5,000		
9	5	1030	バイヤー厳選 珈琲豆セット	4,500		
10	6	1035	ご当地ビール詰め合わせ	5,500		
11	7	1040	世界のビールセット	7,000		
12	8	1045	バイヤー特選 ワイン(白)	3,000		
13	9	1050	バイヤー特選 ワイン(赤)	3,000		
14	10	1055	大吟醸 ぎひょうの酒	10,000		
15						

2 行データ全体を検索します。

ここでは、検索結果を表示するセル範囲[B2:D2]を選択してINDEX関数を入力し、Shift + Ctrl + Enterキーで配列数式を入力しています。

引数解説 INDEX2_0

配列

検索対象のセル範囲を指定します。セル範囲に比較演算子による論理式を指定することもできます。

行番号　列番号

配列の行全体を取り出したいときは、列番号に「0」を指定し、列全体を取り出したい場合は行番号に「0」を指定します。

■ **条件付きの行／列検索①**

配列のデータに比較演算子による論理式を指定すると、配列の行全体、列全体のデータの代わりに、条件の成立／不成立を［TRUE］／［FALSE］で表示します。

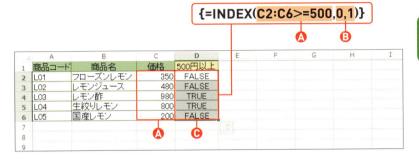

- Ⓐ 論理式でデータをチェックしたい範囲のみ、配列に指定します。配列に［A2:C6］を指定すると、商品コードや商品名も論理式の対象になってしまうためです。ここでは、価格が500円以上かどうかをチェックします。
- Ⓑ 列データ全体を取り出しますので、行番号は「0」、列番号は「1」列目です。
- Ⓒ 論理式の答えは論理値です。価格データの代わりに500円以上なら［TRUE］、500円未満なら［FALSE］が表示されます。

論理値は1を掛けて数値化する

論理値の取り扱いは関数によって異なりますが、引数に数値を指定する関数では、セル参照の論理値を無視するケースが少なくありません。そこで、1を掛けて［TRUE］は「1」、［FALSE］は「0」に数値化します。数値化しておけば無視される心配はありません。

第5章　検索／行列関数

■ **条件付きの行／列検索②**

同様に、文字データの検索にも利用できますが、文字列にワイルドカード（P.326）は利用できません。

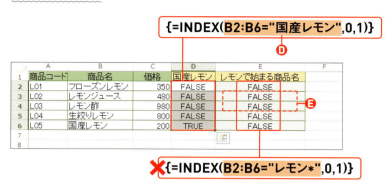

- **D** 商品名の配列 [B2:B6] が「国産レモン」に一致しているかどうかチェックし、その結果を論理値で表示しています。このほか、「""」（長さ０の文字列）を指定し、空白チェックを行うことができます。
- **E** 論理式に「B2:B6="レモン＊"」（「レモン」で始まる）のように「＊」を使ったワイルドカードを指定しても、正しい結果になりません。

> **Q** 行番号と列番号に同時に「０」を指定するとどうなりますか？
> **A** 指定した配列全体が検索されます。
>
> `{=INDEX(A2:C6,0,0)}` **F**
>
> | 商品コード | 商品名 | 価格 | | 商品コード | 商品名 | 価格 |
> |---|---|---|---|---|---|---|
> | L01 | フローズンレモン | 350 | | L01 | フローズンレモン | 350 |
> | L02 | レモンジュース | 480 | | L02 | レモンジュース | 480 |
> | L03 | レモン酢 | 980 | | L03 | レモン酢 | 980 |
> | L04 | 生絞りレモン | 800 | | L04 | 生絞りレモン | 800 |
> | L05 | 国産レモン | 200 | | L05 | 国産レモン | 200 |
>
> **F** **行番号**と**列番号**を同時に「０」とすると、指定した**配列**全体が検索されます。
>
> ここでは、項目名を除くデータ範囲を指定していますが、配列に [A1:C6] と指定すれば、項目名を含めた表全体が転記されます。また、ここでは、すぐ隣のセルに転記しましたが、別のシートに入力することも可能です。

利用例　表データの不備を発見する　　　　　　　　　　　　INDEX2_1

ここでは、商品台帳内の未入力箇所を検索して、表の不備を発見します。そこで、配列全体に論理式を指定し、空白チェックを行います。結果は論理値で取り出されますが、それに「1」を掛けて数値化し、行ごとに合計します。不備がなければ合計は「0」ですので、これを利用してIF関数で不備の判定を行います。

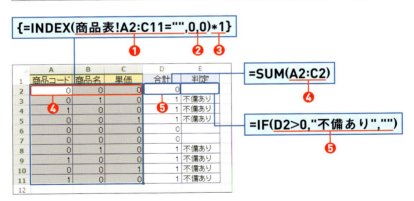

商品表と同じ大きさのセル範囲を選択し、INDEX関数を配列数式で入力します。

❶ INDEX関数の**配列**に商品表シートの配列 [A2:C11] が空白であるかどうかを判定する論理式を指定します。

❷ 配列全体を検索しますので、**行番号**と**列番号**は「0」を指定します。

❸ 「1」を掛け、[TRUE] を「1」、[FALSE] を「0」に数値化します。

❹ SUM関数で各行の合計を求めています。

❺ 不備がなければ合計は0です。IF関数の**論理式**に合計が0を超えるかどうかを判定し、0を超えている場合は「不備あり」と表示しています。

Section 65

MATCH

分類 位置検索

見出しの位置を検索する

対応バージョン 2007/2010/2013

> **書式** =MATCH(検査値,検査範囲[,照合の種類])
>
> **検査値**を1行または1列で構成される**検査範囲**で検索し、**照合の種類**に合わせた行位置または列位置を求めます。なお、**検査範囲**の先頭を1行目(1列目)とします。

解説

MATCH関数は、指定した行見出しと列見出しが表のどこにあるのかを求めます。求めた位置はINDEX関数(P.230)を利用して表の行と列の交点のデータを求めるのに役立ちます。また、検索したい列見出しの位置を調べて、VLOOKUP関数(P.216)の列番号に利用することもできます。下の図は、「水道橋店」がセル[A3]を1行目とする行見出しの何番目にあるかを求めています。同様に、「店長」がセル[B2]を1列目とする列見出しの何列目にあるかも求めています。

=MATCH(F2,A3:A7,0)
「水道橋」が「市ヶ谷」から始まるデータの何行目にあるかを求めています。

	A	B	C	D	E	F	G
1	店舗別売上実績						
2	店舗名	前年	今年	店長		水道橋	3
3	市ヶ谷	100	120	増田		店長	3
4	飯田橋	100	90	寺岡			
5	水道橋		120	湯沢			
6	御茶ノ水	110	95	鈴木			
7	神田	90	105	佐藤			
8							

=MATCH(F3,B2:D2,0)
「店長」が「前年」から始まるデータの何列目にあるかを求めています。

MATCH関数では、どこから数え始めているのかを確認することが重要です。一緒に利用する関数によっては、基点をずらして数える必要があります。

引数解説

MATCH_0

検査値

調べたい行見出しや列見出しの値、または、セルを指定します。

検査範囲

検査値を調べる1行または1列で構成されるセル範囲を指定します。

照合の種類

「1（省略可）」「0」「-1」の3通りのいずれかを指定します。

■ 照合の種類が「0」の場合

前ページの例です。**検査値**に一致するデータを検索します。以下のように、**検査値**が**検査範囲**にない場合は、[#N/A]エラーになります。

	A	B	C	D	E	F	G	H	I
1	店舗別売上実績								
2	店舗名	前年	今年	店長		東京	#N/A		
3	市ヶ谷	100	120	増田		店長	3		
4	飯田橋	100	90	寺岡					
5	水道橋		120	湯沢					
6	御茶ノ水	110	95	鈴木					
7	神田		90	105	佐藤				
8									

東京店はありません。

■ 照合の種類が「1」の場合

検査値以下の近似値の位置を求めます。**検査範囲**のデータは昇順に並べます。

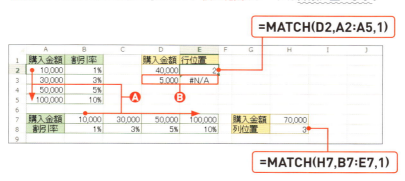

=MATCH(D2,A2:A5,1)

=MATCH(H7,B7:E7,1)

Ⓐ 小さい値から大きい値になるようにデータを入力します。
Ⓑ **検査範囲**の最小値を下回る**検査値**は[#N/A]エラーになります。

■ 照合の種類が「-1」の場合
検査値以上の近似値の位置を求めます。検査範囲のデータは降順に並べます。

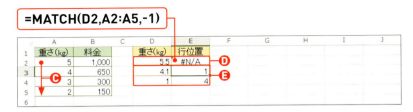

- **C** 検査範囲のデータが大きい値から小さい値になるように並べます。
- **D** 検査範囲の最大値を超える検査値は[#N/A]エラーになります。
- **E** 4.1kgは4kg以上ですので、1行目が検索されます。また、1kgは最小値の2kgの行位置「4」が検索されます。

利用例　行見出しと列見出しからデータを検索する　　MATCH_1

INDEX関数とVLOOKUP関数を使って、「水道橋店長」を検索します。MATCH関数の列見出しの基点をずらしている点がポイントです。なお、水道橋店の行位置はP.236と同じです。

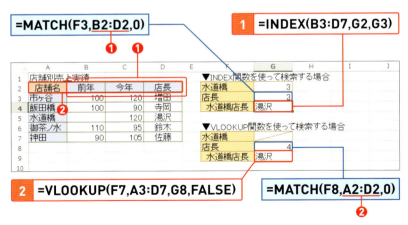

- **1** INDEX関数は、セル[B3]を1行1列目とする配列[B3:D7]を対象に、MATCH関数で求めた「水道橋」の行位置と「店長」の列位置を行番号と列番号に指定して、水道橋店長を検索しています。そこで、MATCH関数はセル[B3]が基点になるように、行位置は3行目(P.236)、列位置はB列を基点に検査範囲を指定します。
- **2** VLOOKUP関数は、表の左端列で検索キーを検索します。左端列が1列目になるように、MATCH関数の検査範囲の基点を決めています。

第 6 章

文字列操作関数

Section 66	LEN／LENB
Section 67	FIND／FINDB
Section 68	SEARCH／SEARCHB
Section 69	LEFT／LEFTB
Section 70	RIGHT／RIGHTB
Section 71	MID／MIDB
Section 72	REPLACE／REPLACEB
Section 73	SUBSTITUTE
Section 74	TRIM
Section 75	ASC／JIS
Section 76	UPPER／LOWER／PROPER
Section 77	EXACT／DELTA
Section 78	TEXT
Section 79	VALUE

Section 66

分類 文字長

LEN
LENB

文字数を求める

対応バージョン 2007/2010/2013

書式
=LEN(文字列)
=LENB(文字列)

LEN 関数は、指定した文字列の**文字数**を求めます。LENB 関数は、全角1文字を2バイトと数えるバイト数を求めます。

解説

引数に指定した値の文字数を調べる関数です。LEN 関数は全角文字／半角文字を問わず1文字と数え、LENB 関数は、全角1文字を2バイト、半角1文字を1バイトと数えます。以下は、半角7桁の郵便番号の文字数をLENB関数とLEN関数で調べている例です。

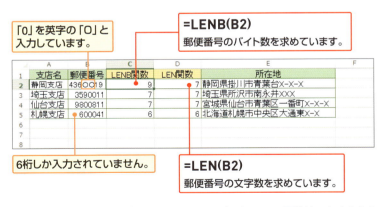

「0」を英字の「O」と入力しています。

=LENB(B2)
郵便番号のバイト数を求めています。

6桁しか入力されていません。

=LEN(B2)
郵便番号の文字数を求めています。

正しく入力されていれば、LENB関数は7バイト、LEN関数は7文字となり、いずれも「7」ですが、片方、または、両方が「7」以外のときは、郵便番号の入力にミスがあります。このように、LEN／LENB関数は、入力桁数の決まった文字数や文章の字数制限のチェックなどに役立てることができます。

引数解説　　　　　　　　　　　　　　　　　　　　　　LEN・LENB_0

文字列

文字の入った1つのセルを指定します。「"(ダブルクォーテーション)」で囲んだ文字を直接指定することもできます。
以下は、文字種に応じたLEN関数とLENB関数の結果です。

=LEN(C2)　=LENB(C2)

	文字種	文字例	LEN関数	LENB関数
2	全角ひらがな	文字	ひ	1	2
3		濁点	ぎ	1	2
4		半濁点	ぷ	1	2
5	全角カタカナ	文字	ヒ	1	2
6		濁点	ギ	1	2
7		半濁点	プ	1	2
8	半角カタカナ	文字	ﾋ	1	1
9		濁点	ｷﾞ	2	2
10		半濁点	ﾌﾟ	2	2

Ⓐ 文字に濁点、半濁点が付く、付かないに関係なく、全角は1文字(2バイト)と数えます。

Ⓑ 半角カタカナの「ﾞ(濁点)」と「ﾟ(半濁点)」は、単独で1文字(1バイト)と数えます。よって、「ｷ」と「ﾞ」で2文字(2バイト)です。

=LEN(C2)　=LENB(C2)

	文字種	文字例	LEN関数	LENB関数
2	全角英数字記号	大文字	A	1	2
3		小文字	a	1	2
4		記号	/	1	2
5		スペース		1	2
6		数字	6	1	2
7	半角英数字記号	大文字	A	1	1
8		小文字	a	1	1
9		記号	/	1	1
10		スペース		1	1
11		数値	6	1	1
12	セル内の強制改行			1	1

Ⓒ Spaceキーによる空白文字は1文字(1バイトまたは2バイト)と数えられます。その他の全角英数字記号は1文字(2バイト)、半角英数字記号は1文字(1バイト)です。

Ⓓ Alt + Enterキーによる強制改行は、1文字(1バイト)と数えられます。

Q 引数にセル範囲を指定し、セル範囲内の文字数を数えることはできますか?

A 1つのセルしか指定できません。セル範囲を指定すると、[#VALUE!]エラーになるか、もしくは、正しい表示になりません。

LEN／LENB関数にセル範囲を指定すると、動作がおかしくなりますので、1つのセルだけ指定するようにします。

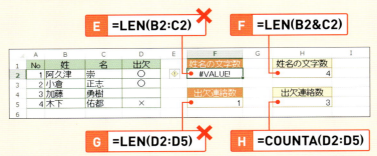

- **E** 個別のセルに入った姓と名から姓名の文字数を数えようと、文字列にセル範囲 [B2:C2] と入力した例です。[#VALUE!] エラーになります。

- **F** 「&」を利用すると、「&」の前後を連結したひと続きの文字として認識されるため、正しい結果が表示されます。文字列に指定した [B2&C2] は、「阿久津崇」と解釈されています。

- **G** 各セルに1文字で「○」「×」と入力されている出欠連絡の人数を数えようと、文字列にセル範囲 [D2:D5] と入力した例です。「○」「×」は3件ありますが、「1」と表示されています。

- **H** 指定したセル範囲のデータ数を数えるには、COUNTA関数(P.86)を利用します。

配列数式で一度に文字数を求める

指定したセル範囲に一度に文字数を求める場合は、配列数式を指定します。見た目は、引数にセル範囲を指定していますが、文字数を求めるセル範囲と引数に指定するセル範囲は1:1に対応しています。

	A	B	C	D	E
1	No	姓	名	姓(文字数)	名(文字数)
2	1	阿久津	崇	3	1
3	2	小倉	正志	2	2
4	3	加藤	勇樹	2	2
5	4	木下	佑都	2	2

`{=LEN(B2:C5)}`

| 利用例 | 入力文字数をチェックする | LEN・LENB_1 |

6桁の数値の顧客IDを、LEN関数とLENB関数でチェックします。顧客IDは半角文字で入力しますので、LEN／LENB関数ともに文字数とバイト数は「6」になります。これをAND関数（P.284）で判定します。

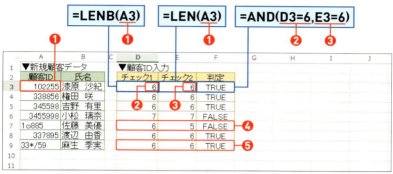

❶ **文字列**に顧客IDの入ったセル[A3]を指定します。

❷ AND関数の**論理式1**に[D3=6]と入力し、LENB関数で求めたセル[A3]の文字数が「6」であるかどうか判定しています。

❸ ❷と同様に、**論理式2**に[E3=6]と入力し、LEN関数で求めたセル[A3]の文字数が「6」であるかどうか判定しています。❷❸より、LENB関数、LEN関数ともに「6」の場合は「TRUE」、両方または片方が「6」以外の場合は「FALSE」と表示されます。

❹ 顧客IDに全角文字が1文字含まれるケースです。LENB関数は全角1文字を2バイトとするため、セル[A7]のバイト数は「6」になり、チェックを通過してしまいます。そこで、全角／半角を問わずに1文字と数えるLEN関数でもチェックを行い、入力ミスを発見できるようにします。

❺ セル[A9]の入力内容自体に誤りがあるケースです。内容に誤りがあっても6桁であれば、判定「TRUE」でチェックを通過してしまいます。

❺のように、LEN／LENB関数は内容チェックまではできません。
入力内容をチェックするには、複数人が同じデータを入力し、データを突き合わせます。入力したデータが等しいかどうかを判定するには、EXACT関数やDELTA関数（P.268）を利用することができます。

243

Section 67

分類　文字検索

FIND
FINDB

検索文字に一致する
文字の位置を求める①

対応バージョン　2007/2010/2013

書式　=FIND(検索文字列,対象[,開始位置])
　　　　=FINDB(検索文字列,対象[,開始位置])

検索文字列を対象の文字列内で検索し、開始位置から数えて何文字目(何バイト目)にあるかを求めます。

解説

FIND／FINDB関数は、特定の文字を指定した文字列内で探して、その文字位置を求める関数です。FIND関数は、全角／半角を問わずに1文字と数え、FINDB関数は、全角1文字を2バイトとするバイト数で数えます。下の図は、氏名の姓と名の間にある空白文字の位置を検索しています。

=FIND(" ",A3,1)
氏名の1文字目(先頭)から、全角の空白文字を
検索し、その文字位置を表示しています。

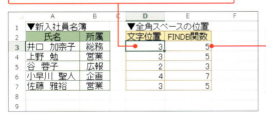

=FINDB(" ",A3,1)
FIND関数と同様ですが、
文字位置はバイト数で表示
しています。

空白文字の位置は、氏名を姓と名に分割するときの目印になります。FIND／FINDB関数は、どちらかというと、単独で目的を達成するというより、目的を達成するためにサポートする関数です。
なお、類似の関数にSEARCH／SEARCHB関数があります(P.246)。

引数解説   FIND・FINDB_0

検索文字列

対象内で検索したい文字を指定します。FIND／FINDB関数は、文字の全角と半角、英字の大文字と小文字を区別しますので、正確に指定します。直接指定する場合は、文字を「"(ダブルクォーテーション)」で囲みます。

対象

検索文字列を探す対象となる文字をセル、または、「"(ダブルクォーテーション)」で囲んで直接指定します。

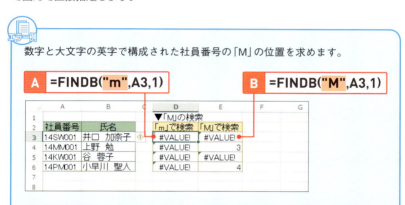

数字と大文字の英字で構成された社員番号の「M」の位置を求めます。

A =FINDB("m",A3,1)   B =FINDB("M",A3,1)

Ⓐ 検索文字列に小文字の「m」を指定しています。大文字の「M」と区別するため、[#VALUE!]エラーになります。

Ⓑ 検索文字列に大文字の「M」を指定しています。正しく指定しても社員番号（対象）に「M」がない場合、[#VALUE!]エラーになります。

開始位置

検索文字列を対象の何文字目から検索し始めるのかを数値やセルで指定します。省略すると、1文字目（先頭）から検索し始めます。開始位置の値が対象の文字数を超えると[#VALUE!]エラーになります。

利用例   SEARCH・SEARCHB_1

P.249をご覧ください。

Section 68

SEARCH
SEARCHB

分類 文字検索

検索文字に一致する
文字の位置を求める②

対応バージョン 2007/2010/2013

書式
=SEARCH(検索文字列,対象[,開始位置])
=SEARCHB(検索文字列,対象[,開始位置])

検索文字列を対象の文字列内で検索し、開始位置から数えて何文字目（何バイト目）にあるかを求めます。

解説

SEARCH／SEARCHB関数はFIND／FINDB関数（P.244）と同様に、特定の文字を指定した文字列内で検索して、その文字位置を求めます。

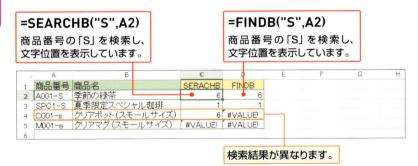

=SEARCHB("S",A2)
商品番号の「S」を検索し、文字位置を表示しています。

=FINDB("S",A2)
商品番号の「S」を検索し、文字位置を表示しています。

検索結果が異なります。

上の図では、半角英数字で入力された商品番号「S」の文字位置をSEARCHB関数とFINDB関数で検索しています。SEARCH関数とFIND関数で検索しても結果は上の図と同じになります。この図から、セル［A4］の商品番号「C001-s」の検索結果が異なっていることがわかります。したがって、SEARCH／SEARCHB関数とFIND／FINDB関数は機能も引数も同様ですが、どこかに違いがあるということです。この違いについては、引数解説で解説します。

引数解説　　　　　　　　　　　　　　　　　　　SEARCH・SEARCHB_0

検索文字列

対象内で検索したい文字を指定します。文字の代わりにワイルドカードの指定も可能です。直接指定する場合は、文字を「"(ダブルクォーテーション)」で囲みます。

■ 検索文字列の相違点

検索文字列	SEARCH／SEARCHB	FIND／FINDB
ワイルドカード	○	×
英字の大文字／小文字の区別	区別しない	区別する
全角／半角の区別	区別する	区別する

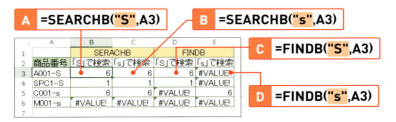

Ⓐ Ⓒ 検索文字列に半角大文字「S」を指定しています。
Ⓑ Ⓓ 検索文字列に半角小文字「s」を指定しています。

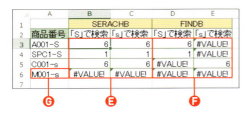

Ⓔ 結果は完全に同じです。SEARCH／SEARCHB関数では英字の大文字と小文字を区別しません。「S」または「s」が検索されます。

Ⓕ FIND／FINDB関数は英字の大文字と小文字を区別しますので、「S」なら「S」しか検索しません。「s」も同様です。「S」（「s」）で見つかったときは、「s」（「S」）は［#VALUE!］エラーになります。

Ⓖ 両関数とも全角と半角を区別しますので、「M001-ｓ」の全角「ｓ」は検索されません。

対象
検索文字列を探す対象となる文字を、セル、または「"（ダブルクォーテーション）」で囲んで直接指定します。

開始位置
検索文字列を**対象**の何文字目から検索し始めるのかを、数値やセルで指定します。省略すると、1文字目（先頭）から検索し始めます。**開始位置**の値が対象の文字数を超えると、［#VALUE!］エラーになります。

検索文字列に指定した文字が**対象**に複数入っている場合、意図しない文字位置が検索される場合があります。

❶ 商品番号「SPC1-S」は「S」が1バイト目（1文字目）と6バイト目（6文字目）にあります。**開始位置**を指定しない場合、先頭から検索され、見つかった時点で文字位置が表示されます。
ここでは、大文字の「S」が1バイト目に見つかったため、6バイト目は検索されません。6バイト目を見つけたい場合は、**開始位置**を指定します。

I =SEARCHB("S",A3,5)　　**J** =FINDB("S",A3,5)

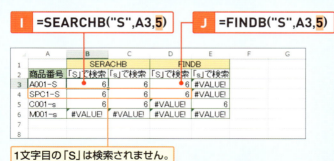

1文字目の「S」は検索されません。

❶❶ 開始位置に「5」と指定し、5バイト目から検索し始めるようにしています。

利用例1　所在地の「県」の位置を調べる　　SEARCH・SEARCHB_1

所在地の「県」の位置を調べます。都道府県と市町村区を分割したいときの目印として利用できます。

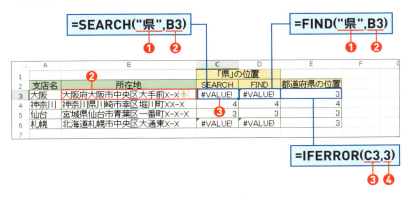

❶ **検索文字列**に「"県"」と指定します。
❷ **対象**に所在地のセル[B3]を指定します。所在地の先頭から検索するため、**開始位置**は省略しています。全角文字を検索していますので、SEARCH関数、FIND関数ともに結果は同じになります。
❸❹ IFERROR関数を利用し（P.286）、SEARCH関数で「県」が見つからずに[#VALUE!]エラーになった場合は、「3」と表示しています。「県」以外の「都道府」は3文字のためです。

利用例2　未入力をチェックする　　SEARCH・SEARCHB_2

SEARCH関数の**検索文字列**にワイルドカードが指定できることを利用して、セルが空白かどうかをチェックします。

❶ **検索文字列**に任意の文字を表すワイルドカード「"＊"」を指定します。
❷ **対象**に面接希望日のセル[C2]を指定します。
　 何らかの入力があれば、1文字目から検索されますので、検索結果は「1」になり、未入力で空白の場合は[#VALUE!]エラーになります。

Section 69

分類 文字操作

LEFT
LEFTB

文字を先頭から切り出す

対応バージョン 2007/2010/2013

書式
=LEFT(文字列[,文字数])
=LEFTB(文字列[,バイト数])

指定した文字列の先頭から文字数(バイト数)分を切り出しします。なお、バイト数は、全角1文字を2バイト、半角1文字を1バイトと数えます。

解説

氏名の姓を取り出したり、住所の都道府県を取り出したりと、文字の先頭から指定した字数分を分割するのに役立つ関数です。下の例は氏名から姓のみを取り出しますが、姓の文字数は一定ではありません。そこで、FIND関数(P.244)を使って姓と名の間の空白文字の位置を調べ、切り出す文字数の目印にしています。

=FIND(" ",A3,1)
氏名の1文字目(先頭)から、全角の空白文字を検索し、その文字位置を表示しています。

=LEFT(A3,C3-1)
氏名の先頭からFIND関数で調べた文字位置の1文字前まで取り出しています。

FIND関数で文字位置を調べます。

井田□加奈子

LEFT関数で先頭から空白の1文字前まで取り出します。

なお、LEFT/LEFTB関数とは反対に文字の末尾から取り出すには、RIGHT/RIGHTB関数(P.252)を利用します。

引数解説　　　　　　　　　　　　　　　　　　　　　　　　　　　LEFT・LEFTB_0

文字列

文字の入ったセル、または、文字を「"(ダブルクォーテーション)」で囲んで直接指定します。

文字数　**バイト数**

文字列の先頭から取り出す文字数(バイト数)を数値やセルで指定します。省略した場合は先頭の1文字(1バイト)を取り出します。以下は、9桁の会員番号から「0」「4」「10」バイト取り出しています。LEFT関数も同様です。

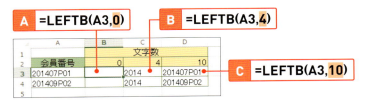

Ⓐ 「0」バイト(文字)は何も取り出さないため空白になります。
Ⓑ 「4」バイトを取り出すと「2014」となります。見た目は数値ですが、セルの左に配置されており、文字として取り出されています。
Ⓒ 文字列の長さ以上のバイト数(文字数)を指定すると全体が取り出されます。

利用例　氏名の姓を取り出す　　　　　　　　　　　　　　　　　LEFT・LEFTB_1

前ページと同じ例で、縦書きの場合です。縦書きはセルの書式を変更し、見た目だけ縦書き(上から下へ)にしているため、関数の動作に影響はありません。

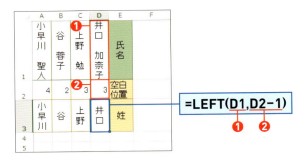

❶ 文字列に氏名のセル[D1]を指定します。
❷ 文字数に空白位置の1文字前まで指定します。

251

Section 70

分類　文字操作

RIGHT
RIGHTB

文字を末尾から切り出す

対応バージョン　2007/2010/2013

書式
=RIGHT(文字列[,文字数])
=RIGHTB(文字列[,バイト数])

指定した**文字列**の末尾から**文字数**(**バイト数**)分を切り出します。

※全角1文字=2バイト、半角1文字=1バイト

解説

社員番号など決まった桁数で構成される文字の下○桁を取り出す場合に便利な関数です。以下は社員番号の下2桁を取り出している例です。

=RIGHTB(A3,2)
社員番号の下2桁を取り出しています。

引数解説

RIGHT・RIGHTB_0

文字列
文字の入ったセル、または、文字を「"(ダブルクォーテーション)」で囲んで直接指定します。

文字数　バイト数
文字列の末尾から取り出す文字数(バイト数)を数値やセルで指定します。省略した場合は末尾の1文字(1バイト)を取り出します。

▼指定する文字数(バイト数)と取り出される内容

文字数	RIGHT/RIGHTB関数の結果
0	何も取り出さず空白になります。
文字数>文字列の長さ	すべて取り出します。

P.251に、LEFT／LEFTB関数による類似の例があります。取り出しの先頭と末尾の違いがあるだけで、内容は同じです。

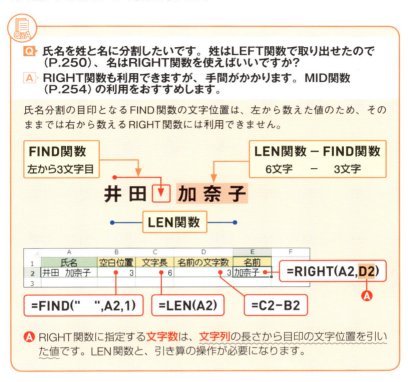

Q 氏名を姓と名に分割したいです。姓はLEFT関数で取り出せたので（P.250）、名はRIGHT関数を使えばいいですか？

A RIGHT関数も利用できますが、手間がかかります。MID関数（P.254）の利用をおすすめします。

氏名分割の目印となるFIND関数の文字位置は、左から数えた値のため、そのままでは右から数えるRIGHT関数には利用できません。

A RIGHT関数に指定する**文字数**は、**文字列**の長さから目印の文字位置を引いた値です。LEN関数と、引き算の操作が必要になります。

利用例　番号の桁を揃える　　　　　　　　　　　　　　RIGHT・RIGHTB_1

1桁、2桁の番号は先頭に0を補って3桁の番号に揃えます。

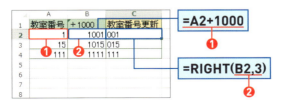

❶ 教室番号のセル[A2]に、揃えたい桁数より1桁以上大きい値を足します。ここでは、「1,000」(4桁)を足しています。

❷ 4桁に補正した値(セル[B2])の末尾から3桁取り出しています。

Section 71

MID / MIDB

文字を途中から切り出す

対応バージョン 2007/2010/2013

書式
=MID(文字列,開始位置,文字数)
=MIDB(文字列,開始位置,バイト数)

文字列を、開始位置から文字数（バイト数）分だけ切り出します。
※全角1文字=2バイト、半角1文字=1バイト

解説

氏名の名を取り出したり、都道府県から始まる住所の市町村以降を取り出したりと、文字の途中から取り出すのに役立つ関数です。下の例は、氏名から名のみを取り出します。このとき、FIND関数を使った姓と名の間の空白文字の位置が、分割の目印になります。

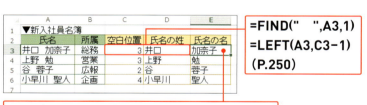

=MID(A3,C3+1,10)
氏名の空白位置の次の文字から10文字分取り出しています。
10文字に満たない場合は末尾まで取り出します。

引数解説

MID・MIDB_0

文字列

文字の入ったセル、または、文字を「"(ダブルクォーテーション)」で囲んで直接指定します。

開始位置

文字列の先頭を1文字目(1バイト目)とするとき、何文字目(何バイト目)から取り出すのかを、1以上の数値やセルで指定します。

文字数　バイト数

開始位置から取り出す文字数(バイト数)を数値やセルで指定します。省略はできません。

▼指定する文字数（バイト数）と取り出される内容

文字数	MID／MIDB関数の結果
0	何も取り出さず空白になります。
文字数>開始位置以降の文字の長さ	開始位置以降をすべて取り出します。

=MID(A3,5,10)

A　5文字目以降の残りの文字の長さ以上の文字数を指定すると、末尾まで取り出されます。

利用例　所在地を都道府県と市町村に分割する　　MID・MIDB_1

所在地から都道府県と市町村を分割します。分割する都道府県の文字位置の調べ方は、P.249をご覧ください。

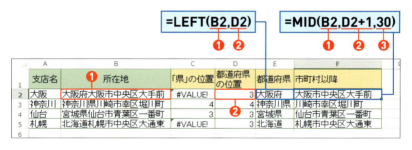

=LEFT(B2,D2)　　=MID(B2,D2+1,30)
❶ ❷　　　　　　❶ ❷ ❸

❶ 文字列に所在地のセル[B2]を指定します。
❷ LEFT関数で取り出す都道府県は、セル[D2]の文字位置まで取り出します。
　 MID関数で取り出し始める文字位置は、都道府県の次の文字からです。
❸ 開始位置以降の所在地の文字の長さは一定ではないので、末尾まで取り出せるような大きい値を指定します。ここでは、「30」とします。

255

Section 72

REPLACE
REPLACEB

分類　文字操作　置換

文字を強制的に置き換える

対応バージョン　2007/2010/2013

書式
=REPLACE(文字列,開始位置,文字数,置換文字列)
=REPLACEB(文字列,開始位置,バイト数,置換文字列)

文字列を指定の開始位置から文字数（バイト数）分、置換文字列に強制的に置き換えます。　　※全角1文字=2バイト、半角1文字=1バイト

解説

社員番号、製品番号など決まった桁数で構成される文字の一部を置き換えるのに便利な関数です。以下は商品番号の4桁目を「A」に置き換える例です。4桁目に何が入っていても強制的に置き換えられます。

=REPLACEB(A2,4,1,"A")
製品番号の4桁目から1バイト（1桁）分を「A」に置き換えています。

	A	B	C	D	E	F	G	H
1	製品番号	製品名	在庫	製品番号更新				
2	4168 9NKP	商品A	7	416A 9NKP				
3	4163 8BTG	商品B	15	416A 8BTG				
4	4127 5TTR	商品C	2	412A 5TTR				
5	4165 7PPK	商品D	10	416A 7PPK				
6								

1 4桁目の値に関係なく、　　**2** 強制的に置き換えられます。

このような強制的な文字の置き換えのほかに、**文字数**と**置換文字列**の指定を工夫することで、文字の挿入や削除も行えます。ただし、文字の挿入も削除も、指定した開始位置から強制的に行われる点は同じです。強制的に文字を置き換えたくない場合は、SUBSTITUTE関数をご利用ください（P.260）。

引数解説

REPLACE・REPLACEB_0

文字列

文字の入った1つのセルを指定します。「"(ダブルクォーテーション)」で囲んだ文字を直接指定することもできます。

開始位置

文字列の先頭を1文字目(1バイト目)とするとき、何文字目(何バイト目)から置き換えるのか、1以上の数値やセルで指定します。

文字数　バイト数

開始位置から置き換える文字数(バイト数)を数値やセルで指定します。
下の図では、値「12345」の3桁目から2行目の文字数分を強制的に「A」に置き換えています。REPLACEB関数も同様です。**文字数**を**バイト数**に読み替えてください。

	A	B	C	D	E	F	G
1		文字数(開始位置は3、置換文字列はAとする)					
2	値	0	1	2	3	10	
3	12345	12A345	12A45	12A5	12A	12A	
4		Ⓐ	Ⓑ	Ⓒ	Ⓓ		
5							

=REPLACE($A$3,3,B$2,"A")
値「12345」を3桁目からセル[B2]に指定した文字数分を「A」に置き換えています。

Ⓐ **文字数**に「0」を指定すると、**開始位置**からの挿入になります。値「12345」の3桁目に「A」を挿入し、「12A345」となります。

Ⓑ 値「12345」の3桁目から1文字分をAに置き換え、「12A45」となります。前ページと同様の基本的な使い方です。

Ⓒ **文字数**が、**置換文字列**の長さを超える場合です。**置換文字列**の長さに関係なく、**文字数**分を強制的に置き換えます。

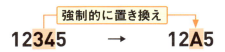

Ⓓ **文字数**が**開始位置**以降の文字の長さより多い場合は、末尾まで**置換文字列**に置き換えます。

置換文字列

置換後の文字を指定します。文字の入ったセル、または、「"(ダブルクォーテーション)」で囲んだ文字を直接指定します。
下の図では、値「12345」の3桁目から1文字数分を2行目の**置換文字列**に置き換えています。

=REPLACE($A$3,3,1,B$2)

E **置換文字列**に何も指定しない場合は、**開始位置**から**文字数**分だけ削除されます。値「12345」の3桁目から1文字分を削除し、「1245」となります。

F **B**と同じです。値「12345」の3桁目から1文字分をAに置き換え、「12A45」となります。基本の使い方です。

G **置換文字列**の長さが**文字数**を超えると、超えた分は挿入になります。

利用例1 文字をすべて置き換える　　REPLACE・REPLACEB _1

置き換え前のステージ名に関わらず、「プラチナ」に置き換えます。

=REPLACE(B2,1,10,"プラチナ")
❶ ❷ ❸

❶ 置き換え対象となる現在のステージのセル [B2] を**文字列**に指定します。

❷ **開始位置**に「1」、**文字数**に「10」を指定し、**文字列**の1文字目（先頭）から10文字分置き換えます。この**文字数**は、現在のステージ名がすべて置き換えらえるように指定します。この例では6文字以上ですべて置き換わりますが、切のよい数字「10」を指定しています。

❸ **置換文字列**に「"プラチナ"」を指定します。

利用例2 文字を補う　　　REPLACE・REPLACEB _2

郵便番号の4桁目に「-」を補います。REPLACE関数も同様です。

	A	B	C	D
1	支店名	郵便番号	「-」付郵便番号	所在
2	大阪	5400008	540-0008	大阪府大阪市
3	神奈川	2120013	212-0013	神奈川県川崎
4	仙台	9800811	980-0811	宮城県仙台市
5	札幌	0600041	060-0041	北海道札幌市

`=REPLACEB(B2,4,0,"-")`
❶ ❷ ❸

❶ 置き換え対象となる郵便番号のセル[B2]を、**文字列**に指定します。
❷ **開始位置**に「4」、**バイト数**に「0」を指定し、**文字列**の4桁目に文字を挿入する設定にします。
❸ **置換文字列**に「"-"」を指定します。

> Memo
> **0から始まる郵便番号**
>
> 通常、ハイフンなしの0から始まる郵便番号は数値と見なされ、先頭の0は省略されます。この場合は、郵便番号の入力前に、セルの表示形式を「文字列」に設定すると、先頭の0の省略を防ぐことができます。

利用例3 文字を分割する　　　REPLACE・REPLACEB _3

7桁の郵便番号を前の3桁と後ろの4桁に分割します。前の3桁を表示するには後ろの4桁を削除します。REPLACEB関数も利用できます。

	A	B	C	D	E
1	支店名	郵便番号	前の3桁	後ろの4桁	
2	大阪	5400008	540	0008	大阪府
3	神奈川	2120013	212	0013	神奈川
4	仙台	9800811	980	0811	宮城県
5	札幌	0600041	060	0041	北海道

`=REPLACE(B2,4,4," ")`
❶ ❷ ❹

`=REPLACE(B2,1,3," ")`
❶ ❸ ❹

❶ 置き換え対象となる郵便番号のセル[B2]を**文字列**に指定します。
❷ **開始位置**に「4」、**文字数**に「4」を指定し、**文字列**の4桁目から4文字分置き換えます。
❸ **開始位置**に「1」、**文字数**に「3」を指定し、**文字列**の先頭から3文字分置き換えます。
❹ **置換文字列**に「""」（長さ0の文字列）を指定し、❷❸で指定した箇所を削除します。

Section 73

SUBTITUTE

分類 文字操作 置換

文字を検索して置き換える

対応バージョン 2007/2010/2013

書式 =SUBTITUTE(文字列,検索文字列,置換文字列[,置換対象])

検索文字列を**文字列**内で検索し、**検索文字列**が見つかった場合は、**検索文字列**を**置換文字列**に置き換えます。

解説

一部商品名のリニューアル、部署名、社名などの一部を変更するなど、名称の一部を更新するのに役立つ関数です。文字を置き換えるにはREPLACEB関数も利用できますが、置き換え方に違いがあります。

=REPLACE(B2,1,10,"プラチナ") (P.258)

=SUBTITUTE(B2,"ダイヤモンド","プラチナ")
現在のステージから「ダイヤモンド」を検索し、見つかったら「プラチナ」に置き換えます。

該当する場合のみ置き換えます。

REPLACEB関数は現在のステージが何であろうと、指定した場所に強制的に文字を置き換えますが、SUBTITUTE関数は文字を探して、該当する文字があれば置き換えます。
また、検索した文字がなかった場合は、元の文字をそのまま表示しますので、エラーになる心配もありません。

引数解説　　　　　　　　　　　　　　　　　　　　　　　　SUBSTITUTE_0

文字列　**検索文字列**　**置換文字列**

文字の入った1つのセルを指定します。「"（ダブルクォーテーション）」で囲んだ文字を直接指定することもできます。

文字列は置換対象の文字です。**検索文字列**は置き換える対象となる文字、**置換文字列**は置き換える文字です。

置換対象

文字列内に複数の**検索文字列**が見つかった場合、先頭から数えて何番目の検索文字列を置き換えるのかを数値やセルで指定します。省略すると、見つかった文字をすべて置き換えます。

Ⓐ =SUBTITUTE(B1,"Word","Excel")

Ⓑ =SUBTITUTE(B1,"Word","PC",1)　　2箇所目のWordは置き換えません。

Ⓐ セル[B1]の文字列内の「Word」をすべて「Excel」に置き換えます。
Ⓑ セル[B1]の文字列内の1箇所目の「Word」を「PC」に置き換えます。

利用例　文字列内の空白をすべて削除する　　　　　　　SUBSTITUTE_1

以下の講座名に含まれる全角の空白文字を、長さ0の文字列に置き換えることですべての空白を削除します。

=SUBSTITUTE(A2,"　","")
　　　　　　　　　　❶　❷　❸

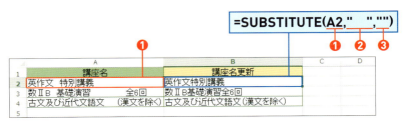

❶ 講座名のセル[A2]を文字列に指定します。
❷ 検索文字列に全角スペース「　」を指定します。
❸ 置換文字列に長さ0の文字列「""」を指定します。

Section 74

分類 文字整形 空白の削除

TRIM

余分な空白を削除する

対応バージョン 2007/2010/2013

書式 =TRIM(文字列)

指定した**文字列**内の単語と単語の空白を1つ残し、残りの余分な空白を削除します。

解説

TRIM関数は、単語間のスペースを1つだけ残し、余分な空白をすべて削除します。以下は講座名の中に挿入された余分なスペースを削除する例です。単語と単語の間のスペースを1つずつ空けて表示されます。

=TRIM(A2)
講座名の単語と単語の間のスペースを1つ残し、
余分なスペースは削除します。

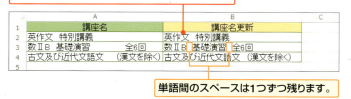

単語間のスペースは1つずつ残ります。

文字列内のすべての空白文字を削除したい場合は、SUBSTITUTE関数をご利用ください(P.261)。

引数解説

TRIM_0

文字列

文字の入ったセル、または、文字を「"(ダブルクォーテーション)」で囲んで直接指定します。

■ 残される空白文字

単語と単語の間に2つ以上の空白文字が含まれる場合、全角／半角に関係なく、先頭の空白が残ります。下の図は、半角3文字分の幅のスペースが空いている文字に対して、それぞれTRIM関数で余分な空白を削除した結果です。

※全角1文字の幅は半角2文字分です。

ⓐ 「季節の緑茶　レギュラー」の余分な空白を削除しています。
ⓑ Case1は、全角スペース，半角スペースの順で空白を挿入したため、最初の全角スペースが残ります。
ⓒ Case2は、半角スペース，全角スペースの順で空白を挿入したため、最初の半角スペースが残ります。

利用例　氏名の姓と名の間に全角スペースを空ける　　　TRIM_1

TRIM関数では、複数の空白文字の最初の空白が半角スペースの場合は、半角スペースが残ります。残ったスペースを全角スペースに揃えるには、JIS関数を利用します（P.264）。

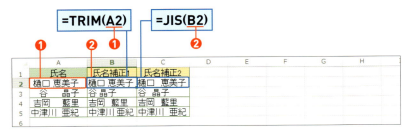

❶ 氏名のセル［A2］を**文字列**に指定し、余分なスペースを削除しています。
❷ TRIM関数で残されたスペースは全角、半角スペースが混在していますので、JIS関数を使って全角スペースに揃えています。

Section 75

分類 文字整形

ASC
JIS

文字を半角／全角に揃える

対応バージョン 2007/2010/2013

書式 =ASC(文字列)
=JIS(文字列)

ASC関数は**文字列**を半角文字に揃えます。JIS関数は**文字列**を全角文字に揃えます。　　　　　　　　　　　　　　　　※全角1文字の幅は半角2文字分です。

解説

ASC・JIS_0

全角と半角が混在するデータは見栄えが良くないばかりか、データベースの操作にも支障をきたします。このようなときに文字の種類を揃えるのがASC関数とJIS関数です。下の図では、フリガナを半角または全角に揃えている例です。

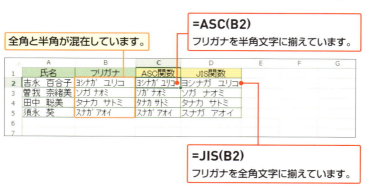

引数解説

文字列

文字の入ったセル、または、文字を「"(ダブルクォーテーション)」で囲んで直接指定します。
漢字とひらがなには半角文字がありませんので、ASC関数では変換されず、元の全角文字で表示されます。

利用例　データを揃える　　　　　　　　　　　　　　　　　　　　ASC・JIS_1

データの並べ替えや抽出などを行うフィルタ機能（＜データ＞タブの＜フィルタ＞ボタン）を利用するとき、データが揃っていないと正しい抽出ができません。

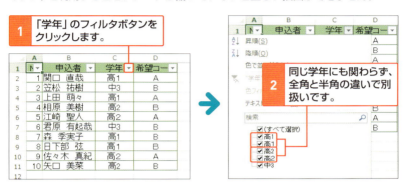

ここでは、ASC関数を使って「学年」と「希望コース」の文字を半角に揃えます。

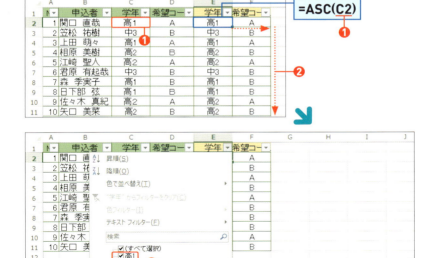

❶ 学年のセル [C2] を文字列に指定します。
❷ セル [E2] のASC関数をオートフィルでセル [F11] までコピーします。
❸ 数字が半角に揃い、正しい抽出ができるようになります。

265

Section 76

分類 文字整形

UPPER LOWER PROPER

英字を大文字/小文字/先頭だけ大文字に揃える

対応バージョン 2007/2010/2013

書式
=UPPER(文字列)
=LOWER(文字列)
=PROPER(文字列)

文字列内の英字を大文字/小文字/先頭だけ大文字に揃えます。

解説

文字列に含まれる英字を揃えるのに便利な関数です。

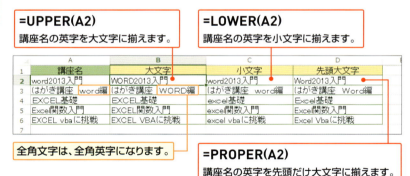

=UPPER(A2)
講座名の英字を大文字に揃えます。

=LOWER(A2)
講座名の英字を小文字に揃えます。

=PROPER(A2)
講座名の英字を先頭だけ大文字に揃えます。

全角文字は、全角英字になります。

上の図にあるとおり、文字列が全角文字の場合は、全角英字になり、元の文字種が維持されます。

引数解説

UPPER・LOWER・PROPER_0

文字列

文字の入ったセル、または、文字を「"(ダブルクォーテーション)」で囲んで直接指定します。

■ PROPER関数

英字の先頭を大文字にする対象となる**文字列**は、次のとおりです。

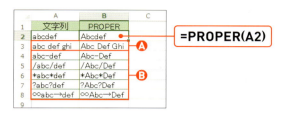

Ⓐ セルに複数の単語がある場合、単語単位で先頭が大文字になります。
Ⓑ 記号を含む場合、記号の次の文字は大文字になります。

利用例 文字内の英字を半角大文字に揃える　UPPER・LOWER・PROPER_1

前ページにあるように、関数で英字を整えても、元の文字列の文字種がそのまま維持されます。そこで、UPPER関数で英字を大文字に揃えたあと、ASC関数を利用して半角文字に揃えます。

❶ UPPER関数の**文字列**に講座名のセル[A2]を指定します。講座名内の英字が大文字に揃います。

❷ ASC関数の**文字列**にUPPER関数で大文字に揃えたセル[B2]を指定します。講座名内の全角英字が半角英字に揃います。

データの表記を揃える

データの表記が揃っていないと、表の見栄えが悪いだけでなく、同じデータが別扱いにされてしまいます(P.265)。ただし、データを揃えるときは、1つの関数だけではなかなか揃いません。上の例のように、表記を揃える関数を組み合わせて整えていく必要があります。本書では、本節以外に、全角/半角を揃えるASC/JIS関数(P.264)、余分な空白を除くTRIM関数(P.262)を紹介しています。データを揃えるときには、これらの関数も参考にしてください。

Section 77

分類 文字比較　数値比較

EXACT
DELTA

2つのデータを
比較する

対応バージョン 2007/2010/2013

書式
=EXACT(文字列1,文字列2)　判定結果は論理値で表示
=DELTA(数値1[,数値2])　判定結果は「1」「0」で表示

EXACT関数では、**文字列1**と**文字列2**が等しいかどうか判定します。
DELTA関数では、**数値1**と**数値2**が等しいかどうか判定します。
※DELTA関数はエンジニアリング関数に分類されています。

解説

EXACT関数とDELTA関数は、データの整合性チェックに役立つ関数です。通常、入力データの精度を上げるには、複数の人が同じデータを入力し、互いのデータを比較する方法が取られます。
下の図は、2人の入力者が入力したデータを比較する例です。

=EXACT(A3,D3)
鈴木と遠藤が入力した社員番号を比較しています。

	A	B	C	D	E	F	G	H	I	J
1	入力者	鈴木		入力者	遠藤		判定			
2	社員番号	給与		社員番号	給与		EXACT	DELTA		
3	PQT001A	68,000		PQT001A	68,000		TRUE	1		
4	ASRT486	46,200		PSRT486	76,200		FALSE	0		
5	PQT081B	72,000		PQTO81B	75,000		FALSE	0		
6	PPAQ552	98,600		PPAQ552	98,600		TRUE	1		
7										
8										

=DELTA(B3,E3)
鈴木と遠藤が入力した給与の数値を比較しています。

EXACT関数では、2つの文字が等しい場合は[TRUE]、異なる場合は[FALSE]が表示されます。また、DELTA関数では、2つの数値が等しい場合は「1」、異なる場合は「0」と表示されます。

引数解説 EXACT・DELTA_0

文字列1　文字列2

それぞれ、文字の入った1つのセルを指定します。「"(ダブルクォーテーション)」で囲んだ文字を直接指定することもできます。

■ **文字の比較内容**

ひらがなや漢字は、全角文字のみですので、**文字列1**と**文字列2**の違いは明らかです。同じデータで表記が異なるのは、カタカナと英字です。なお、数値の比較も可能です。

	A	B	C	D	E	F
1		文字列1		文字列2	判定	
2	全角カナ	アイウ	アイウ	半角カナ	FALSE	
3		XYZ	xyz	半角小文字	FALSE	Ⓐ
4	半角大文字	XYZ	xyz	全角小文字	FALSE	
5		XYZ	XYZ	全角大文字	FALSE	
6		XYZ	**XYZ**	書式設定	TRUE	Ⓑ
7						

=EXACT(B2,C2)

Ⓐ 全角/半角、大文字/小文字は区別され、[FALSE] と判定されます。
Ⓑ 書式設定は比較されません。値が同じであれば [TRUE] になります。

数値1　数値2

数値または数値の入ったセルを指定します。**数値2**を省略すると0と見なされ、**数値1**は0と比較されます。

Q 2つの数値は等しいのに、「1」と表示されないのはなぜですか?
A セルの見た目だけが等しいためです。

下の図では、表示形式で**数値2**の小数点以下の桁数を調整して、見た目だけ**数値1**と等しくしています。実際の値と異なるため、判定結果は「0」になります。なお、EXACT関数と同様に、文字の色などの書式設定は比較対象になりません。値が同じであれば「1」になります。

利用例　2つのデータが一致しない場合は×を表示する　IF_1

P.282をご覧ください。

Section 78

分類 文字変換

TEXT

数値を指定した形式の文字で表示する

対応バージョン 2007/2010/2013

書式 =TEXT(値,表示形式)

値を指定した表示形式の文字に変換します。

解説

TEXT関数は、数値を文字に変換しますが、その際、数字の表示のしかたを指定できます。下の例は、日付を曜日形式の文字に変換している例です。なお、日付はシリアル値という数値です(P.180)。

=TEXT(A2,"aaa")
日付(シリアル値)を漢字1字の曜日形式の文字に変換しています。

表示形式の「"aaa"」とは、漢字1文字の曜日を表す書式記号です。書式記号とは、セルの表示形式を設定する記号で、様々な種類が用意されています。主な書式記号は、付録P.332をご覧ください。

数値と数字

「数値」は計算に利用できる値ですが、「数字」は文字です。数字を数値として認識して、計算に利用できる場合もありますが、SUM関数などの集計を行う関数の引数に数字を指定しても、文字として認識され無視されてしまいます。数字を数値として認識させたい場合は、VALUE関数を利用して数値に変換します(P.274)。

引数解説　　　　　　　　　　　　　　　　　　　　　　　　　　TEXT_0

値

数値や、数値の入ったセルを指定します。

表示形式

数値、日付、時刻などの書式記号を「"(ダブルクォーテーション)」で囲んで指定します。

■ **書式記号と文字の組み合わせ**

「"文字列"」は、引数に直接、文字データを指定するときの決まりです。このことを利用して、**表示形式**に書式記号と文字を組み合わせて指定することができます（下図参照）。

	A	B	C	D
1	値	TEXT関数	関数の内容	
2	2014/12/15	明日は月曜日です	=TEXT(A2,"明日はaaaaです")	
3	2014/12/15	平成26年12月15日	=TEXT(A3,"ggge年m月d日")	
4	1080	税込¥1,080です	=TEXT(A4,"税込￥#,##0です")	
5	13:30	締切は13時30分です	=TEXT(A5,"締切はh時m分です")	
6				

書式記号「!(感嘆符)」の利用

書式記号の「!(感嘆符)」は、「!」の直後の半角文字をそのまま表示します。たとえば、書式記号「@」を文字として使いたい場合、感嘆符が役に立ちます。下の図は、値「9800」を「@9,800」と表示させる例です。「!(感嘆符)」を用いることによって、「@」が文字としてそのまま表示され、「9800」は数値の書式記号「#,##0」によって3桁区切りのカンマが付いた形式で表示されます。

「@」はセルの値を表示する書式記号です。

	A	B	C	D	E	F	G
1	値	TEXT関数	関数の内容				
2	9800	9800	=TEXT(A2,"@")				
3	9800	#VALUE!	=TEXT(A2,"@#,##0")				
4	9800	@9,800	=TEXT(A3,"!@#,##0")				
5							

"!@#,##0"　このような組み合わせの書式記号はないため、[VALUE!]エラーになります。

Q 表示形式は、セルに書式設定をすれば良いと思います。数値のままですから計算にも使えます。わざわざ文字に変換されてしまうTEXT関数を使うメリットは何ですか?

A Wordで利用するときに書式を付けた状態で利用できる点です。

Wordでは、文書の必要な箇所に、別途用意したデータを差し込みながら印刷する「差し込み印刷」機能があります。Excelは、この差し込みデータの作成によく利用されますが、書式設定した数値をWordに差し込んでも、書式が反映されません。このようなときに、TEXT関数で変換した値が役に立ちます。以下、利用例をご覧ください。

利用例 桁区切りを付けて文書に数値を差し込む　　　　　TEXT_1

以下の文書に、Excelのデータ「氏名」「買上金額」を差し込みます。「買上金額」は、通貨形式の書式設定を行った数値です。セルの見た目だけを変更しています。

▼Word文書　　　　　　　　　▼Excelの差し込みデータ

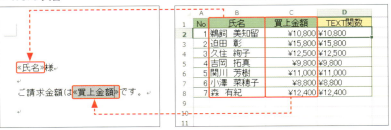

下の図のように、セルの表示形式を変更しただけの「買上金額」は、データを差し込むと、通貨形式の書式が反映されません。

Excelのセルに書式が付いていても、文書には反映されません。

❶ 文字に変換する買上金額のセル[C2]を、値に指定します。
❷ "¥#,###"は、通貨記号「¥」と3桁区切りのカンマを付けた表示形式です。これを表示形式に指定します。

TEXT関数で文字に変換した金額を文書に差し込みます。

▼Word文書　　　　　　　▼Excelの差し込みデータ

書式設定が付いた状態で差し込まれます。

Wordの「差し込み印刷」機能については、Wordの解説書をご覧ください。
サンプルファイル内の「差し込み文書(買上金額).docx」は、「買上金額」を差し込んだデータです。また、「差し込み文書(TEXT関数).docx」は、TEXT関数の結果を差し込んだデータです。差し込み文書を開いて確認する方法は、テキストファイル「差し込み文書の開き方」に記載しています。Word文書を開く前にご覧ください。

Section 79

VALUE

文字を数字に変換する

分類 文字変換

対応バージョン 2007/2010/2013

書式 =VALUE(文字列)

文字列として認識されている数字を、計算に使える数値に変換します。

解説
VALUE_0

文字(数字)として認識されているデータを、数値に変換します。以下の例は、社員番号の上4桁をLEFT関数(P.250)で取り出して、入社年月日(文字データ)を作成し、VALUE関数で数値化しています。

=LEFT(A2,4)&"4月1日"
社員番号の先頭から4桁を取り出し、&で文字をつないで入社年月日を作成します。

	A	B	C
1	社員番号	入社年抽出	数値に変換
2	1990F810	1990年4月1日	32964
3	2004K185	2004年4月1日	38078
4	2014PP01	2014年4月1日	41730

=VALUE(B2)
文字データの入社年月日を数値に変換しています。

日付を変換すると、シリアル値で表示されます。セルの表示形式を「日付」形式に変更すると、下の図のように「2014/4/1」の形式で表示されます。

	A	B	C
1	社員番号	入社年抽出	数値に変換
2	1990F810	1990年4月1日	1990/4/1
3	2004K185	2004年4月1日	2004/4/1
4	2014PP01	2014年4月1日	2014/4/1

なお、四則演算では数字で計算が可能ですので、VALUE関数の代わりに「1」を掛けて、数字を数値化することも可能です。

	A	B	C
1	社員番号	入社年抽出	数値に変換
2	1990F810	1990年4月1日	1990年4月1日
3	2004K185	2004年4月1日	2004年4月1日
4	2014PP01	2014年4月1日	2014年4月1日

=B2*1

第7章

論理／情報関数

Section	80	論理式と論理値
Section	81	IF
Section	82	AND／OR
Section	83	IFERROR／IFNA
Section	84	PHONETIC
Section	85	ISERROR

Section 80 論理式と論理値

分類 論理値

対応バージョン 2007/2010/2013

論理式と論理値

論理式とは、答えが[TRUE]または[FALSE]のどちらかになる数式です。[TRUE]と[FALSE]のことを、論理値といいます。論理値は次の言葉に置き換えられます。

▼[TRUE]と[FALSE]の意味

	TRUE	FALSE
論理式が （ある条件が）	真	偽
	成立	不成立
	合う	合わない
	満たす	満たさない

答えが論理値になる数式には、比較演算子を使った比較式と論理値を答えとする関数があります。

比較式

比較式を作成するときは、主語を意識することがポイントです。次の図の成績表の「判定」欄は、「80点以上を[TRUE]と表示」しています。
日本語では主語の記載がなくても「（得点が）80点以上」と通じますが、比較式を作るときは「得点が」の部分が大切です。常に、主語と、主語に相当するセルを確認しましょう。

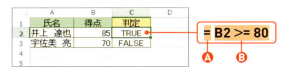

Ⓐ 比較式も数式ですので、先頭の「=」が必要です。
Ⓑ 「B2 >= 80」は「得点が80点以上」を満たすかどうか判定する比較式です。

論理値を答えとする関数

代表的な関数は、AND関数とOR関数です。AND関数はAND条件、OR関数はOR条件を設定します。
AND条件とOR条件は、複数の条件を設定するときに利用します。

■AND条件
AND条件とは、複数の条件がすべて満たされているかどうかを判定するための条件です。AND条件が成立するとき、つまり、複数の条件がすべて満たされる場合に[TRUE]になります。

■OR条件
OR条件とは複数の条件のうち、どれか1つが満たされているかどうかを判定するための条件です。OR条件が成立するとき、つまり、どれか1つの条件が満たされる場合に[TRUE]になります。
下の図は、以下の2つの条件を判定する比較式を入力しています。

条件1 国語が80点以上かどうか
条件2 数学が80点以上かどうか

ⓒ 条件1と条件2の両方が[TRUE]だと、AND条件が成立しています。
ⓓ 条件1と条件2のどちらかが[TRUE]だと、OR条件が成立しています。
ⓔ 条件1と条件2のどちらも満たさない場合は、AND条件もOR条件も成立しません。

> **論理値を返す関数**
>
> AND関数、OR関数以外の論理値を返す主な関数は次のとおりです。
> 関数の分類「論理」に属する関数、ISで始まる関数(P.291)、EXACT関数(P.268)です。論理値ではありませんが、DELTA関数(P.268)も論理値と同等に扱える関数です。

Section 81

分類 条件分岐

IF

条件に応じて処理を分ける

対応バージョン 2007/2010/2013

書式 =IF(論理式,[真の場合][,偽の場合])

論理式の結果が[TRUE]の場合は真の場合を、[FALSE]の場合は偽の場合を実行します。

解説

論理式の結果は、[TRUE]か[FALSE]のどちらかのみですが、IF関数を使うと、[TRUE]や[FALSE]を別の値で表示したり、別の処理を行ったりすることができます。
以下は「サンプル」欄に「1万円以上の購入でサンプルを付ける」ための処理です。
これを正確に言い直すと、次のようになります。

購入金額(主語)が1万円以上(比較)かどうかを論理式で判定し、真の場合([TRUE])は「○」、偽の場合([FALSE])は「×」を表示します。

⬇

=IF(購入金額のセル>=10000,○を表示,×を表示)

	A	B	C	D
1	顧客名	購入金額	サンプル	
2	志方 博樹	10,000	○	
3	藤川 亘	9,900	×	
4	橋本 和巳	20,000	○	
5	佐伯 涼	9,500	×	
6	赤城 翔太	15,000	○	
7				

=IF(B2>=10000,"○","×")

購入金額が1万円以上を満たす場合は「○」、満たさない場合は「×」を表示しています。

引数解説　　　　　　　　　　　　　　　　　　　　　　　　　　　　IF_0

論理式
答えが［TRUE］または［FALSE］になる数式を指定します。比較演算子を使った比較式や、答えが［TRUE］か［FALSE］になる関数を指定します。詳細はP.276をご覧ください。

真の場合　　偽の場合
論理式の結果に応じた処理方法を指定します。以下、**真の場合**と**偽の場合**の指定例を示します。

■ 真の場合と偽の場合の指定例①　数値（数式）の指定
購入金額が1万円以上の場合に購入金額の10％の値引き額を求めます。

- Ⓐ **真の場合**や**偽の場合**に数式（関数）を指定できます。ここでは、**真の場合**に購入金額の10％を求める式を指定します。
- Ⓑ **偽の場合**の処理について何も指定がありません。ここでは、購入金額が1万円未満の場合は値引きをしないと解釈し、値引き額「0」円と指定しています。

上の例のように、**真の場合**と**偽の場合**は常に両方とも指定されるとは限りません。むしろ、片方の処理方法のみ指定されることが多くなります。

■ 真の場合と偽の場合の指定例②　値の指定
得点が70点以上は「合格」と表示します。この例も、得点が70点以上を満たす**真の場合**の処理だけ指定されています。

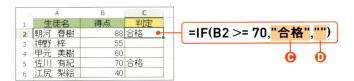

- Ⓒ **真の場合**は「合格」と表示するため、文字の前後を「"（ダブルクォーテーション）」で囲んで指定します。
- Ⓓ **偽の場合**の処理は何も指定がありません。この場合は、何も表示しない「""」（長さ0の文字列）を指定するのが常套手段です。

Q 指定例①の場合、偽の場合に「0」ではなく、指定例②のように「""」を指定することもできますか?

A 数値を入力する処理の場合は「0」を指定することをおすすめします。

購入金額から値引き額を引いて請求金額を求める場合、「""」を指定すると、[#VALUE!] エラーを引き起こします。

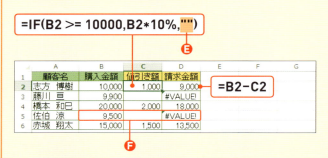

- **E** **偽の場合**に「""」(長さ0の文字列)を指定し、値引き額に何も表示しないようにしています。

- **F** 値引き額がない場合、請求金額は「購入金額-""(長さ0の文字列)」を計算していることになります。引き算に文字は指定できませんので、[#VALUE!] エラーになります。

IF関数で求めた値引き額が他に利用されない場合は、「""」を指定しても問題ありません。ただ、セルの表示形式を「#,###」に変更すれば「0」は表示されませんので、「0」を表示したくない場合はセルの表示形式の変更で対応することをおすすめします。

■ **真の場合と偽の場合の指定例③　引数の省略**

指定例②と同様に、得点が70点以上は合格と表示します。**偽の場合**の指定が何もないので、**偽の場合**を省略した例です。

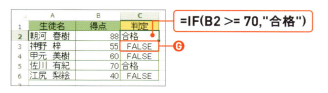

- **G** 引数を省略すると、論理値が表示されます。ここでは、**偽の場合**を省略していますので、[FALSE] が表示されます。

論理値以外の値で表示できるのがIF関数の特徴の1つですので、引数は省略せずに指定することをおすすめします。

■ 真の場合と偽の場合の指定例④　IF関数の組み合わせ

IF関数の**偽の場合**にIF関数を組み合わせると、3つ以上の処理ができます。ここでは、得点が70点以上は「良」、50点以上は「可」、それ以外は「補習」と表示します。まずは、正確に条件と処理を言い直すところから始め、順序立てて処理を指定します。

> 得点が70点以上は「良」、50点以上は「可」、それ以外は「補習」

⬇

> 得点が70点以上かどうか**論理式**で判定し、判定結果が**真の場合**は「良」と表示します。**偽の場合**は、「得点が50点以上の場合は「可」、それ以外は「補習」」と表示します。

「良」と表示する**真の場合**以外の内容は、すべて**偽の場合**であると切り分けることがポイントです。この**偽の場合**を、IF関数にします。

=IF(得点>=70,"良",得点が50点以上の場合は「可」、それ以外は「補習」)

 もう1つの条件と処理があります。得点が50点以上かどうか**論理式**で判定し、**真の場合**は「可」、**偽の場合**は「補習」と表示します。
これらを式にまとめると次のようになります。

=IF(B2 >= 70,"良",IF(B2>=50,"可","補習"))

	A	B	C	D
1	生徒名	得点	判定	
2	朝河　春樹	88	良	
3	神野　梓	55	可	
4	甲元　美樹	60	可	
5	佐川　有紀	70	良	
6	江尻　梨絵	40	補習	

条件が多い場合はVLOOKUP関数を使う

得点による成績の振り分けなど数値の大きさで場合分けをするとき、条件が多くなるとIF関数をいくつも組み合わせる必要があり、長くて読みにくくなります。条件が多くなる場合は、VLOOKUP関数を利用すると数式が短く、わかりやすくなります（P.225）。

利用例1　2つのデータが一致しない場合は×を表示する　　　IF_1

EXACT関数とDELTA関数を使った例です（P.268）。EXACT関数とDELTA関数は、ともにデータの整合性チェックに役立つ関数です。

EXACT関数の結果は、[TRUE]または[FALSE]を表示します。つまり、EXACT関数は、論理値を答えとする関数です。

DELTA関数は、2つの数値が等しい場合は「1」、等しくない場合は「0」と表示します。結果は数値ですが、この「1」「0」は[TRUE][FALSE]と同じ意味になりますので、DELTA関数も答えが論理値になる関数として扱えます。答えが論理値になる関数は、IF関数の論理式に直接指定することができます。

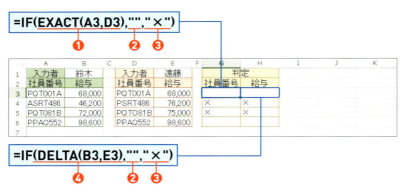

❶ **論理式**にEXACT関数を指定しています。セル[A3]と[D3]の文字が等しい場合は[TRUE]、異なる場合は[FALSE]になります。

❷ 異なる場合の指定はありますが、等しい場合の指定はありません。この場合は、何も表示しないと解釈し、**真の場合**に「""」（長さ0の文字列）を指定します。

❸ **偽の場合**は、「×」と表示しますので、「"×"」と指定します。

❹ **論理式**がDELTA関数の場合です。セル[B3]と[E3]の数値が等しい場合は[TRUE]の意味で「1」、異なる場合は[FALSE]の意味で「0」です。

利用例2　指定した集計方法で集計する　　　IF_2

セルに入力された値に応じた処理を行います。ここでは、集計方法が「合計」の場合は寄付金を合計し、それ以外は、寄付者の人数を求めます。寄付金の合計はSUM関数、寄付者の人数はCOUNTA関数を利用します。

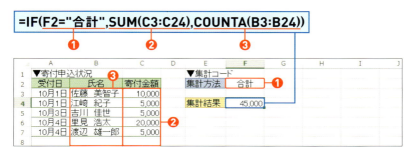

❶ 集計方法を入力したセル[F2]が「合計」かどうかを判定するため、論理式に「F2="合計"」と指定します。

❷ 条件を満たす「合計」の場合は、寄付金額を合計する処理を指定します。ここでは、寄付者の増加にも対応できるようにセル範囲を多めにとり、真の場合に「SUM(C3:C24)」を指定します。

❸ 条件を満たさない偽の場合は、寄付者の人数を数える処理をします。ここでは、「COUNTA(B3:B24)」を指定します。

処理方法を増やす場合は、IF関数を組み合わせるよりも、CHOOSE関数を利用した方が便利です(P.214)。

利用例3 偶数と奇数を振り分ける　　　　　　　　　　　　　　IF_3

2行1組のデータなどで、上段と下段に分けて目印を付けます。ここでは、上段に「○」と下段に「□」と表示します。上段と下段を見分けるにはCOUNTA関数で何番目のデータかを求め、その番号を元に、ISODD関数で奇数かどうかを判定します。ここでは上段が奇数になります。

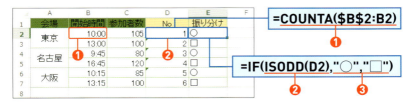

❶ COUNTA関数の値1に空白のないデータの入ったセル(ここではセル[B2])を指定しています。始点を絶対参照にすることによって、オートフィルでコピーしたときに終点のセルが1つずつ拡張するようにして連番を振っています。

❷ IF関数の論理式にISODD関数を指定し、❶の連番が奇数かどうかを判定しています。

❸ 奇数の場合は「○」、偶数の場合(奇数でない)は「□」を表示しています。

Section 82

分類 条件判定　AND条件　OR条件

AND
OR

複数の条件を判定する

対応バージョン 2007/2010/2013

> **書式** =AND(論理式1[,論理式2,…,論理式N])_{N=1〜255}
> =OR(論理式1[,論理式2,…,論理式N])
>
> AND関数は、複数の論理式の結果がすべて[TRUE]かどうか判定し、OR関数は複数の論理式のうち1つが[TRUE]かどうか判定します。

解説

AND関数はAND条件が成立する場合に、OR関数はOR条件が成立する場合に[TRUE]を表示します(P.277)。
下の図は、2つの条件をAND条件とOR条件で判定しています。

=AND(B2>=10000, C2>=30000)
今回購入額が1万円以上、かつ、累計購入額が3万円以上の場合は、[TRUE]と表示します。

	A	B	C	D	E
1	顧客No	今回購入額	累計購入額	OR条件	AND条件
2	1	10,000	25,000	TRUE	FALSE
3	2	9,900	38,000	TRUE	FALSE
4	3	20,000	50,000	TRUE	TRUE
5	4	9,500	18,000	FALSE	FALSE
6	5	15,000	20,000	TRUE	FALSE

=OR(B2>=10000, C2>=30000)
条件はAND関数と同じです。どちらかを満たせば、[TRUE]になります。

AND関数とOR関数は引数が共通していますので、関数名を変更するだけでAND条件とOR条件の判定ができます。

引数解説

AND・OR_0

論理式N

答えが[TRUE]または[FALSE]になる比較演算子を使った比較式や関数を指定します。詳細はP.276をご覧ください。

論理式の指定数

関数の仕様上、論理式は1つでもよいことになっていますが、その場合、AND関数もOR関数も同じ結果になりますし、比較式で指定できますので、関数を使う必要がありません。AND関数とOR関数を利用する場合は少なくとも2つ以上の論理式を指定します。

	A	B	C	D	E
1		条件	2014/9/3	以前	
2	日付	売上高	AND	OR	比較式
3	2014/9/1	10,000	TRUE	TRUE	TRUE
4	2014/9/2	15,000	TRUE	TRUE	TRUE
5	2014/9/5	20,000	FALSE	FALSE	FALSE

=AND(A3<=$C$1)
=OR(A3<=$C$1)
= A3<=$C$1

Ⓐ A列の日付が2014/9/3以前かどうかを判定しています。AND関数、OR関数、比較式ともに同じ結果になります。

利用例　指定した期間内に「○」を付ける　　　　　　AND・OR_1

AND関数は答えが論理値になる関数ですので、IF関数の論理式に指定することができます。ここでは、日付が2014/9/1から2014/9/3までの場合は「○」と表示します。

=IF(AND(A3>=$B$1,A3<=$D$1),"○","")

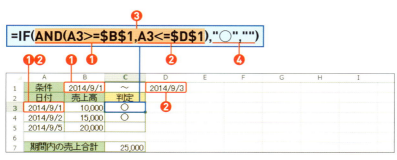

	A	B	C	D
1	条件	2014/9/1	～	2014/9/3
2	日付	売上高	判定	
3	2014/9/1	10,000	○	
4	2014/9/2	15,000	○	
5	2014/9/5	20,000		
6				
7	期間内の売上合計		25,000	

❶ セル[A3]の日付はセル[B1]の「2014/9/1」以降かどうか判定しています。
❷ セル[A3]の日付はセル[D1]の「2014/9/3」以前かどうか判定しています。
❸❹ IF関数の論理式にAND関数を指定しています。AND関数の結果が[TRUE]の場合(真の場合)は「○」、[FALSE]の場合(偽の場合)は何も指定がありませんので、「""」としています。

この結果は、「○」の付いた箇所だけ集計するなど、次の処理の目印として利用可能です。

Section 83

分類 条件分岐

IFERROR
IFNA

セルがエラーになる場合は別の値を表示する

対応バージョン IFERROR：2007/2010/2013　IFNA：2013

書式 =IFERROR(値,エラーの場合の値)
　　　=IFNA(値,エラーの場合の値)

値の結果がエラー値になる場合は、エラーの場合の値を表示します。IFNA関数は、値が［#N/A］エラーになる場合のみエラーの場合の値を表示します。

解説

セルのエラーは、数式（関数）に入力するデータ側の事情でやむなく発生してしまう場合があります。IFERROR関数やIFNA関数は、このような、やむなく発生するエラーを別の値で表示するための関数です。
下の図は、売上高の前年同期比をまとめた表です。「水道橋」店は「前年」データがないためにエラーが発生していますが、関数を利用することでエラー値の表示を回避しています。

=IFERROR(D3,"*****")
前年同期比がエラー値の場合は、「*****」を表示します。

	A	B	C	D	E	F
1				作成日	2014/10/1	
2	店舗名	前年	今年	前年同期比	前年同期比（関数利用）	
3	市ヶ谷	100	120	20%	20%	
4	飯田橋	100	90	-10%	-10%	
5	水道橋		120	#DIV/0!	*****	
6	※「水道橋」店−2014年4月開店					

=(C3−B3)/B3
前年同期比を求めています。

引数解説

IFERROR・IFNA_0

値
数式や関数の入ったセル、または、数式や関数を直接指定します。

エラーの場合の値
エラー値の代わりに表示する値を指定します。

第7章 論理／情報関数

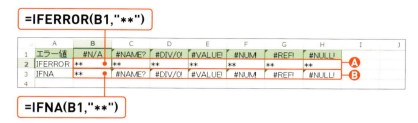

Ⓐ IFERROR関数は、7種類のエラー値に対応しています。
Ⓑ IFNA関数は、[#N/A] エラーのみ別の値を表示し、他のエラー値はそのまま表示されます。

利用例 エラーの代わりにメッセージを表示する　　　IFERROR・IFNA_1

VLOOKUP関数(P.216)がエラーになる場合は、メッセージが表示されるようにします。

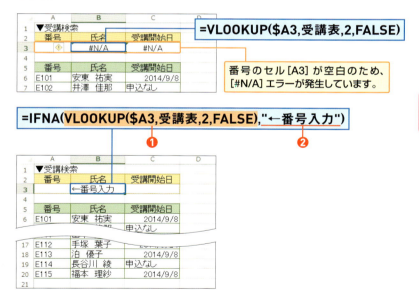

❶ 値にVLOOKUP関数を指定します。VLOOKUP関数は、番号を入力すると受講表(セル範囲[A6:C20]の名前)を検索し、氏名や受講開始日を表示します。
❷ VLOOKUP関数が[#N/A]エラーになる場合は、「←番号入力」と表示されるようにしています。なお、「受講開始日」のセル[C3]では、「""」を指定して何も表示しないようにしています。

Section 84

分類　フリガナ

PHONETIC

セルの値の
フリガナを取り出す

対応バージョン　2007/2010/2013

書式　=PHONETIC(参照)

参照に指定したセルまたはセル範囲の入力情報を、全角カタカナで取り出します。

解説

PHONETIC関数はセルに入力した入力情報を取り出す関数です。セルに入力した氏名や住所のフリガナを取り出すのに役立ちます。

=PHONETIC(B5)
「姓」のフリガナを表示しています。
「名」も同様です。

=PHONETIC(B8:B10)
「都道府県」「市町村」「町名番地」のフリガナを連続して表示しています。

PHONETIC関数にセル範囲を指定すると、範囲の先頭から連続してフリガナを取り出します。

引数解説　　　　　　　　　　　　　　　　　　　　PHONETIC_0

参照

入力情報を取り出したいセルまたはセル範囲を指定します。

Q フリガナが取り出せず、セルの値がそのまま表示されます。
A Excelで入力したデータではないためです。

別のソフトウェアのデータを読み込んだ場合など、Excel以外で入力されたデータは、入力情報がないために、PHONETIC関数でフリガナを取り出すことができません。

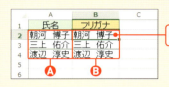

A Excel以外のソフトウェアで作成されたデータやWebページのデータを、コピー&貼り付け等でセルに入力したデータです。

B 入力情報がないため、参照しているセルの値がそのまま表示されます。

この場合、セルからフリガナを取り出すには、次のように操作します。

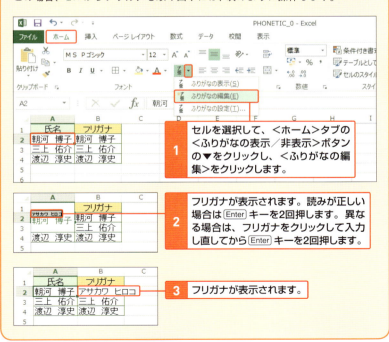

1 セルを選択して、<ホーム>タブの<ふりがなの表示/非表示>ボタンの▼をクリックし、<ふりがなの編集>をクリックします。

2 フリガナが表示されます。読みが正しい場合は Enter キーを2回押します。異なる場合は、フリガナをクリックして入力し直してから Enter キーを2回押します。

3 フリガナが表示されます。

Section 85

分類 IS関数

ISERROR

指定の内容が
エラーかどうか
判定する

対応バージョン 2007/2010/2013

書式 =ISERROR(テストの対象)

テストの対象に指定した内容がエラーかどうか判定します。判定結果は論理値で表示され、エラーの場合に[TRUE]になります。

解説

ISERROR関数は、指定した内容にエラーが発生する場合に[TRUE]になります。答えが論理値になる関数ですので、IF関数の論理式に指定することができます。下の図は、ISERROR関数でセルにエラーが発生しているかどうかを判定し、判定結果をIF関数の論理式に指定して、表示方法を分けている例です。

=IF(E3,"***",D3)**
ISERROR関数の判定が[TRUE]の場合(エラーの場合)は「*****」を表示し、[FALSE]の場合は前年同期比を表示します。

	A	B	C	D	E	F
1					作成日	2014/10/1
2	店舗名	前年	今年	前年同期比	エラーの判定	前年同期比(関数利用)
3	市ヶ谷	100	120	20%	FALSE	20%
4	飯田橋	100	90	-10%	FALSE	-10%
5	水道橋		120	#DIV/0!	TRUE	*****
6	※「水道橋」店-2014年4月開店					

=(C3-B3)/B3
前年同期比を求めています。

=ISERROR(D3)
前年同期比の入ったセルがエラーかどうか判定しています。

類似の関数に、IFERROR関数があります(P.286)。IFERROR関数がExcel 2007で追加されるまでは、セルのエラー表示を回避するには上の図の方法が定石でした。現在はIFERROR関数を使ったエラー表示の回避方法が主流ですが、以前のバージョンから引き継がれているファイルを利用することも十分考えられます。今後も、ISERROR関数とIF関数を利用したエラー回避の方法を知っておかれることをおすすめします。

引数解説

ISERROR_0

テストの対象

エラーかどうかを調べる値、数式、セルを指定します。

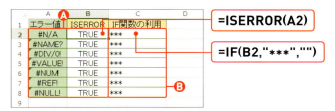

Ⓐ ISERROR関数は、7種類のエラー値に対応しています。

Ⓑ IF関数と一緒に利用することで、エラー値の代わりに指定した値で表示できます。

IS関数

ISERROR関数を始め、ISで始まる関数はIS関数と呼ばれ、12種類あります。ISERROR関数はエラーを判定しますが、ISBLANK関数はセルが空白かどうかを判定します。以下にIS関数の種類と動作をまとめます。

IS関数	動作
ISTEXT	引数に指定した内容が文字かどうか判定します。
ISNONTEXT	引数に指定した内容が文字以外かどうか判定します。
ISNUMBER	引数に指定した内容が数値かどうか判定します。
ISEVEN	引数に指定した内容が偶数かどうか判定します。
ISODD	引数に指定した内容が奇数かどうか判定します。
ISBLANK	引数に指定した内容が空白かどうか判定します。
ISERR	引数に指定した内容が[#N/A]エラー以外のエラーかどうか判定します。
ISNA	引数に指定した内容が[#N/A]エラーかどうか判定します。
ISERROR	引数に指定した内容がエラーかどうか判定します。
ISREF	引数に指定した内容がセルを参照する範囲名かどうか判定します。
ISLOGICAL	引数に指定した内容が論理値かどうか判定します。
ISFORMURA	引数に指定した内容が数式かどうか判定します。Excel2013で追加された関数です。

291

利用例 入力データをチェックする　　　　　　　　　　IS_1

いくつかのIS関数を利用し、入力データの内容をチェックします。たとえば、入力必須のセルをISBLANK関数で空白チェックしたり、数値を入力するセルをISNUMBER関数でチェックしたりします。

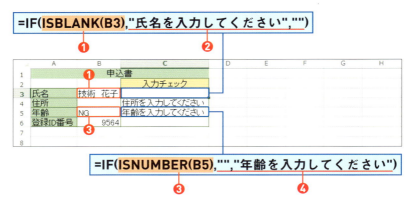

❶ ISBLANK関数はセル［B3］が空白かどうかを判定し、空白の場合に［TRUE］を表示します。ここでは、セル［B3］には氏名が入力されていますので、ISBLAN関数の結果は、［FALSE］です。

❷ IF関数の論理式に指定されたISBLANK関数の結果によって表示内容を切り替えています。ISBLANK関数が［TRUE］の場合はセルに何も入力されていないので、メッセージを表示します。

❸ ISNUMBER関数はセル［B5］に数値が入力されているかどうかを判定し、数値の場合に［TRUE］を表示します。ここでは、文字データが入力されていますので、ISNUMBER関数の結果は［FALSE］です。

❹ ❷と同様です。数値が入力されていればメッセージは必要なく、数値外の場合にメッセージが表示されるようにしています。

IF関数とIS関数を使った例は、P.283でも紹介しています。合わせてご覧ください。
IS関数は主にIF関数の論理式に組み合わせられます。

=IF(IS関数,真の場合,偽の場合)

この形式をひな形として覚えておくと便利です。

第8章

財務関数

Section	86	財務関数の共通事項
Section	87	FV
Section	88	PV
Section	89	RATE
Section	90	NPER
Section	91	PMT
Section	92	PPMT／IPMT
Section	93	CUMPRINC／CUMIPMT
Section	94	VDB

お金の価値

お金の価値は、金銭的な価値だけでなく、時間価値も含みます。たとえば、1万円を預入れして、1年後に千円の利息が付いた場合の1年後のお金の価値は、11,000円になります。つまり、現在の1万円は1年後の11,000円と同じ価値があるということです。

お金の価値　＝　金銭価値　＋　時間価値
11,000円　＝　10,000円　＋　1,000円

この例のお金の価値を簡易的な図で示すと、次のようになります。

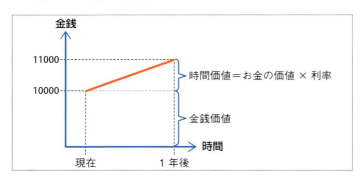

金銭価値とは、1万円はあくまでも1万円であり、永久に変わらないことを示しています。
時間価値とは、時間の経過に伴って生み出される価値を金銭に変換したもので、いわゆる利子（利息）です。これらは、通常、金額ではなく、「年利10%」のように利率で提示されます。「年利10%」の場合は、1年後の時間価値が、その1年前の「お金の価値」の10%相当額であることを意味します。
この例の場合、1年後から見た、1年前のお金の価値は、預入時の1万円です。よって、預入時から1年後の時間価値は、「10000×10%=1000」となります。

次に2年後の時間価値を考えます。1年当たり1000円の利息が付くと考えるのは間違いです。2年後から見た1年前のお金の価値は、11000円です。よって、年利10%の2年後の時間価値（1年分）は、「11000×10%=1100」と少し増加します。3年後以降も同様です。
以上の内容を図に示します。なお、時間価値を大きく見せるため、ゼロ点をずらしています。

▼お金の価値の推移

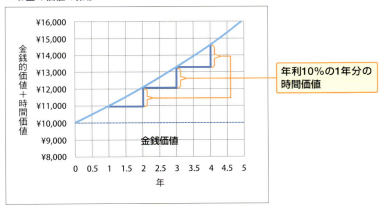

前ページでは、時間価値の推移を直線で示しましたが、毎年発生する時間価値にも利子が付きますので、厳密には曲線になります。

財務関数で利用する主な引数解説

財務関数では、お金の価値、すなわち、金銭と時間（期間）が引数として要求されます。主な引数名とその意味は次のとおりです。

▼財務関数でよく使う引数名と意味

引数名	意味
利率	時間価値を金銭（利子・利息）にするための値で、一定期間あたりの百分率です。
期間	時間価値を生み出す一定期間の合計です。
現在価値	現時点のお金の価値です。現時点を基準にする場合は、金銭価値が現在価値になりますが、将来時点を基準にするときは、時間価値を割り戻した価値になります。
将来価値	現時点から一定期間後の将来のお金の価値です。

具体的に引数に入力する内容は、次のとおりです。

利率
一定期間あたりの利率を指定します。金融機関の利率は年利で提示されているのが一般的です。後述するように、期間に合わせた利率の換算値を指定します。

期間
期間全体の支払回数を指定します。たとえば、年1回払いで3年間支払う場合は、1回÷年×3年＝「3」回を指定します。

■ 利率の換算
利率が年利の場合、利子は、1年間かけて満額になります。期間中、定期的にお金の出し入れが発生する場合は、そのたびに利子（利息）が計算されますので、利率は所与の利率ではなく、支払間隔あたりの利率に換算します。

$$利率 = 利率の換算値 = \frac{一定時間あたりの利率}{一定時間あたりの支払回数} = \frac{年利}{年間支払回数}$$

なお、期間は期間全体の支払回数ですので、一定期間あたりの支払回数とは異なります。

例）年利10％、月1回払いで全36回支払う場合

$$利率 = \frac{10\%／年}{1回／月} = \frac{10\%／年}{12回／年} = \frac{10}{12}\ \%／回 \qquad 期間 = 36$$

定期支払額
一定間隔で定期的に支払う金額を指定します。

現在価値
借入の場合は、借入金額、積立の場合は、初回の一時金（頭金）を指定します。省略可能な場合、省略すると「0」と見なされます。

将来価値
借入の場合は、期間後の借入残高、積立の場合は、期間後の積立残高を指定します。省略可能な場合、省略すると「0」と見なされます。

■ 金額の符号

財務関数では、手元に入る金額の符号をプラス、手元から出る金額の符号をマイナスにします。たとえば、借入金は手元に入るお金なのでプラス、積立金は金融機関に預入し、手元から出るのでマイナスです。下の図は100万円を貯めるのに必要な毎月の積立金を求めています。手元から出金し、預け入れるのでマイナスで表示されます。

	A	B	C
1	年利率	3%	
2	期間(月数)	24	
3	現在価値	0	
4	将来価値	1,000,000	
5	支払期日	期首	
6	毎月の積立額	¥-40,380	

=PMT(B1/12,B2,0,B4,1)

また、財務関数を入力すると、自動的にセルの表示形式が「¥」記号付きの通貨形式になります。この形式はプラスで黒のフォント、マイナスで赤のフォントで表示されます。

支払期日

支払いのタイミングを指定します。期末払いは「0」、期首払いは「1」を指定します。省略可能な場合、省略すると「0」と見なされます。

■ 期首払いと期末払い

期末払いは、一般に返済が該当し、借入初日から初回の支払日までの利息負担が発生します。期首払いは、積立などが該当し、契約初日に第1回の積立金や頭金を預け入れると、次回の積立日までの利子が付きます。

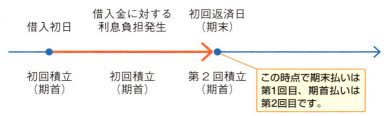

■ 利息と利子

意味に違いはありません。預金などの受取利子、返済金の支払利息などと呼び分けることもありますが、気に留める必要はありません。いずれも一定期間に発生する時間価値です。

書式 =FV(利率,期間,定期支払額[,現在価値,支払期日])

定期支払額と現在価値を、期間に応じた利率で利子を積み上げ、期間満了後の将来価値を求めます。

解説

FV_0

FV関数は、現時点を基準に一定期間後の将来価値を求めます。積立の場合は、満期受取金額（期間後の積立残高）が将来価値になり、借入の場合は、一定期間後の借入残高が将来価値になります。
以下は、返済残高を求める例です。

	A	B	C
1	年利率	5%	
2	期間(年)	1	
3	定期支払額(月)	-50,000	
4	現在価値	1,000,000	
5	支払期日	0	
6	返済残高	¥-437,219	

=FV(B1/12,B2*12,B3,B4,B5)
年利5%で100万円を借り入れ、毎月5万円ずつ1年間返済したときの返済残高を求めています。

利息を考えずに、毎月5万円を1年間返済すると60万円になりますので、100万円を借り入れたときの返済残高は40万円です。実際には、利息が付くので、返済残高は約43万7千円です。これにより、年利5%の1年間の時間価値（月ごとの利息の合計）は、約37,000円です。

引数解説

P.296～P.297をご覧ください。

利用例　一括預入と定期支払の満期受取金額を比較する　　FV_1

毎月10万円を1年間積み立てた場合と、120万円を一括で預入した場合の1年後の将来価値を比較します。利率は年利5％、期首払いとします。

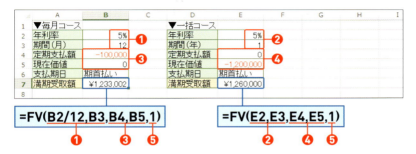

① 毎月コースは、支払間隔が1ヵ月ですので、**利率**は年利を12で割って指定します。
② 一括コースは、年利をそのまま**利率**に指定します。
③ 毎月コースは、定期的に10万円出金しますので、**定期支払額**にマイナス10万円、その他の一時払いはありませんので**現在価値**は0です。
④ 一括コースは、初回に一括で120万円を支払いますので、**現在価値**にマイナス120万円、その後、定期的な支払いはしませんので、**定期支払額**は0を指定します。
⑤ **支払期日**は期首払いのため、「1」を指定します。

将来価値を比較すると、毎月コツコツ積み立てるよりも、一括でまとめて預入した方がより多くの利子が付きます。

支払期日の入力

関数は、あとから値を入れ替えることを考慮して、セル参照で指定するのが一般的ですが、変化しない定数は直接、値を指定した方がわかりやすい場合があります。財務関数は引数が多いので、セルの中身を1つひとつ確認するのに手間がかかります。支払期日のように「1」か「0」しかなく、入力後に変更しない値は直接入力した方が効率的です。

Section 88

PV

分類 現在価値

現在価値を求める

対応バージョン 2007/2010/2013

書式 =PV(利率,期間,定期支払額[,将来価値,支払期日])

利率と期間と定期支払額と将来価値から現在価値を求めます。

解説

PV_0

PV関数は将来時点から時間価値を割り戻した現在価値を求めます。
たとえば、年利10%で、1年後にもらえる10,000円を、今もらいたい場合は、
1年間の時間価値を割り引いた9,090円になります。

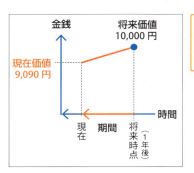

現在価値 ＋ 現在価値 × 10% ＝ 10,000円
現在価値 × (1＋0.1) ＝ 10,000円

現在価値 ＝ $\frac{10000}{1.1}$ ≅ 9,090円

=PV(B1,B2,B3,B4,1)

年利5%で5年後に100万円に到達する
将来価値を現在価値に換算しています。

前ページの表の現在価値は、年利5％で5年後に100万円を受け取るのに必要な積立金額です。ほかにも、年利5％で5年後に100万円が受け取れる金融商品とした場合は、金融商品の買付価格が現在価値を下回って入れば、お得な金融商品と判断します。このように、現在価値は、将来のお金の価値を現在に換算したら、いくらになるのかを求めています。

引数解説

P.296～P.297をご覧ください。
借入の場合の**将来価値**は、一定期間返済した後の返済残高を指定しますが、借入金を完済する場合は「0」を指定します。省略もできますが、「0」と入力した方が、借入金の完済が明確になります。

利用例　借入可能金額を求める　　　　　　　　　　　　　　　PV_1

利率と月々の返済可能金額と返済期間から借入金の上限を求めます。借入金は、現時点で借りるお金ですので、現在価値です。ここでは、年利2％で毎月8万円を30年間支払えるものとします。

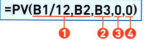

❶ **期間**が月ごとのため、**利率**は年利を12で割って月利に換算して指定します。
❷ 毎月8万円を返済しますので、**定期支払額**にマイナス80,000を指定します。
❸ 借入金は完済を目標としますので、**将来価値**は0を指定します。
❹ **支払期日**は期末払いのため、「0」を指定します。
　利率を考えずに30年間毎月8万円を支払うと2,880万円になりますが、実際は、利息を支払いますので、返済能力に応じた借入上限金額は約2,164万円になります。

Section 89

RATE — 利率を求める

分類 利率

対応バージョン 2007/2010/2013

書式 =RATE(期間,定期支払額,現在価値[,将来価値,支払期日,推定値])

現在価値、及び、定期支払額を一定期間支払って目標の将来価値を得るための利率を求めます。

解説

今、手元の10万円（現在価値）を資金にして、1年後（期間）に105,000円（将来価値）が欲しいとします。これを実現する利率を求めるのがRATE関数です。この場合は、1年間で5,000円の時間価値を付けたいので、利率は年利5％になります。

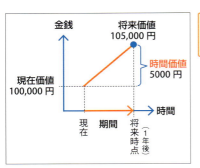

時間価値 ＝ 現在価値 × 利率

$$利率 = \frac{5000円／年}{100000円} = 5\%／年$$

	A	B	C
1	年利率	5%	
2	期間(年)	1	
3	定期支払額(月)	なし	
4	現在価値	-100,000	
5	将来価値	105,000	
6	支払期日	期首払い	

=RATE(B2,0,B4,B5,1)
現在の10万円を1年間で105,000円にするのに必要な利率を求めています。

ここでは、上の例をRATE関数で求めています。現在価値は手元から金融機関などに預けるお金ですので、マイナスで指定します。

引数解説　　　　　　　　　　　　　　　　　　　　　　　　　　　RATE_0

P.296〜P.297 をご覧ください。

定期支払額

支払いなのでマイナスで指定します。定期的な支払いをしない場合は、省略もできますが、第3引数の現在価値は省略しないため、「,（カンマ）」は省略できません。支払いがないことを明示するためにも「0」を指定することをおすすめします。

将来価値

借入金の完済を将来の目標とするときは、借入金「0」が将来価値です。「0」の場合は指定を省略することもできますが、「0」を入力した方が完済を明確にできます。

推定値

答えになりそうな利率を指定します。省略すると10%と見なされます。RATE関数では、20回の反復計算を行って利率を求めています。この反復回数以内に利率が見つからないと、[#NUM!] エラーになります。そこで、あらかじめ利率に当たりを付けて推定値に指定しておけば、20回以内に見つかるというしくみです。

同じ [#NUM!] エラーでも、推定値が原因ではない場合があります。

現在価値をプラスで指定したために、借入金と見なされています。これは、お金を借りた上に、定期的な積立もせず（定期支払額が0）、1年経過したら105,000円が欲しいという、ありえない設定になっています。実は、[#NUM!] エラーになる原因の多くは推定値ではなく、このような指定の誤りです。推定値を指定する前に、他の引数の指定、特に金額の符号を確認することを習慣づけましょう。

エラー表示にはなりませんが、マイナスの利率になる場合があります。

	A	B	C
1	年利率	-3%	
2	期間(月)	24	
3	定期支払額(月)	-30,000	
4	現在価値	0	
5	将来価値	700,000	
6	支払期日	期首払い	

`=RATE(B2,B3,B4,B5,1)*12`

マイナスの利率になる原因は、期間と定期支払額、もしくは、現在価値が、将来価値を超えているためです。この例では、毎月3万円ずつ2年間(2年×12ヵ月＝24回)積み立てますが、利率が0％の状態で72万円になり、2年後に受け取る70万円を超えています。通常の利率はマイナスにはなりませんので、将来価値を増やす、期間や定期支払額を減らすなどして、利率がプラスになるようにします。

推定値の反復計算回数

RATE関数の反復計算回数を増やしたい場合は、次のように操作します。ただし、計算回数を増やすと、ワークシートの計算時間が長くなります。なお、この操作を実施する前に、各引数の金額の符号や指定する値に矛盾がないかどうか確認することをおすすめします。

1 ＜ファイル＞タブの＜オプション＞（Excel 2007は＜Office＞ボタンの＜Excelのオプション＞）をクリックし、＜数式＞をクリックします。

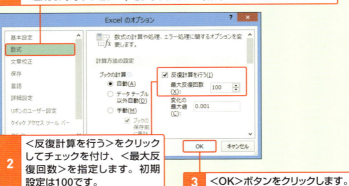

2 ＜反復計算を行う＞をクリックしてチェックを付け、＜最大反復回数＞を指定します。初期設定は100です。

3 ＜OK＞ボタンをクリックします。

利用例　借入可能な利率を求める　　　　　　　　　　　　　　RATE_1

借入希望金額、月々の返済可能金額と返済期間から借入金の利率を求めます。借入金は、現時点で借りるお金ですので、現在価値です。また、将来価値は、完済して借入金を「0」にすることが目標です。ここでは、まず、3,000万円の借入を希望し、毎月8万円を30年間支払えるものとします。

	A	B	C	D
1	期間	420	※30年×12ヶ月	
2	定期支払額	-80,000		
3	現在価値	30,000,000	※借入金	
4	将来価値	完済		
5	利率	0.66%		
6				

=RATE(B1,B2,B3,0,0)*12
　　❶　❷　❸　❹❺　❻

❶ **期間**は30年ですが、毎月返済のため月単位の「420」を指定します。
❷ **定期支払額**にマイナス80,000を指定します。
❸ **現在価値**に借入希望金額を指定します。ここでは、3,000万円です。
❹ 借入金は完済を目標としますので、**将来価値**は0を指定します。
❺ **支払期日**は期末払いのため、「0」を指定します。
❻ 利率は期間の単位に合わせて表示されます。期間は月単位ですので、利率は月利になります。そこで、12倍して年利に換算しています。

利率の上限は「0.66%」です。この利率で融資する金融機関がない場合は、毎月の支払いを増やすか、借入金を減らすしかありません。以下の図は、借入金を2,500万円に減額した場合の利率です。

1 2,500万円に数値を入れ替えると、

	A	B	C	D
1	期間	420	※30年×12ヶ月	
2	定期支払額	-80,000		
3	現在価値	25,000,000	※借入金	
4	将来価値	完済		
5	利率	1.78%		
6				

2 利率が再計算されます。

上の図のように、財務関数では、関数を入力したら、数値を入れ替えてさまざまな値で試算し、資金の検討に役立てることができます。

Section 90

NPER

支払回数を求める

分類　定期支払回数

対応バージョン　2007/2010/2013

書式　=NPER(利率,定期支払額,現在価値[,将来価値,支払期日])

現在価値、及び、定期支払額を一定の利率で運用し、目標の将来価値を得るための支払回数を求めます。

解説

NPER_0

手元の10万円（現在価値）を年利5%（利率）で運用し、ある一定期間後に110,000円（将来価値）が欲しいとします。このときの時間価値は10,000円です。NPER関数は指定した利率で時間価値を得るのに必要な期間を求めます。手計算すると、2年間で10,250円の時間価値が付きますので、10,000円の場合は2年弱と予想されます。

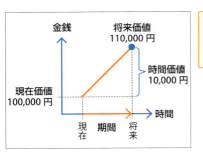

現在価値+利率＝時間価値
100000 × 5%／年 ＝ 5000（1年後）
105000 × 5%／年 ＝ 5250（2年後）
2年間の合計時間価値 ＝ 10,250

	A	B	C
1	年利率	5%	
2	期間(年)	1.95	
3	定期支払額(月)	なし	
4	現在価値	-100,000	
5	将来価値	110,000	
6	支払期日	期首払い	

=NPER(B1,0,B4,B5,1)

年利5%で10万円を預入れます。利子が付いて11万円になるのに必要な期間を求めています。

ここでは、上の例をNPER関数で求めています。手計算で予想したとおり、2年弱の1.95年になっていることがわかります。

引数解説

P.296～P.297をご覧ください。

定期支払額

支払いなのでマイナスで指定します。定期的な支払いをしない場合は、省略もできますが、第3引数の現在価値は省略しないため、「,(カンマ)」は省略できません。支払いがないことを明示するためにも「0」を指定することをおすすめします。

将来価値

借入金の完済を将来の目標とするときは、借入金「0」が将来価値です。「0」の場合は指定を省略することもできますが、「0」を入力した方が完済を明確にできます。

利用例　借入金を完済するまでに要する期間を求める　　NPER_1

借入金を、指定した利率で月々の一定の金額を返済するとき、完済までに必要な期間を求めます。ここでは、利率を1%と1.5%の2通りで求めます。

❶ **利率**は定期支払額の1周期の単位に合わせます。ここでは、月単位のため、利率を12で割ります。
❷ **定期支払額**にマイナス80,000を指定します。
❸ **現在価値**に借入金を指定します。ここでは、2,500万円です。
❹ 借入金は完済を目標としますので、**将来価値**は0を指定します。
❺ **支払期日**は期末払いのため、「0」を指定します。
❻ 期間は利率の単位に合わせて表示されます。利率は月単位ですので、期間は月単位の回数になります。そこで、12で割って年単位に換算しています。

上の図から、年利1%より1.5%の方が利息負担がより大きいため、3年近く返済期間が長くなります。

書式 =PMT(利率,期間,現在価値[,将来価値,支払期日])

指定した**利率**で、一定**期間**後に目的の**将来価値**を得るための定期支払額を求めます。必要に応じて初回に一時金（**現在価値**）を入れます。

解説　　　　　　　　　　　　　　　　　　　　　　　　　　　　PMT_0

PMT関数は、たとえば、年に1度、ある一定の金額を年利10％（**利率**）で預入れ、2年後（**期間**）に10万円（**将来価値**）にしたいとき、預入れの一定金額を求めます。2年間で10万円にするには、利子を考えない場合、1年あたり5万円を預入れます。実際には、年利10％の利子が付くため、5万円より少ない預入れ金額で10万円が実現できると予想されます。これを図で示すと、次のようになります。
年に1度預入れる金額はP円とします。

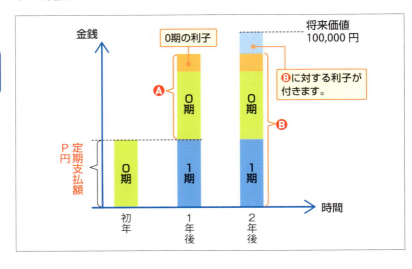

Ⓐ 0期の1年後のお金の価値です。年利10％より、1年後の0期の利子（時間価値）は「P円×10％＝0.1×P円」であり、0期の1年後のお金の価値は「P＋P×10％＝1.1×P」です。

Ⓑ 0期の「1.1×P」円と1期のP円を足した「2.1×P」円に対して10％の利子が付きます。2年後の利子は「2.1×P円×10％＝0.21×P円」です。
以上より、年に1度の定期支払額P円は次のように求められます。

$$
\begin{aligned}
\text{将来価値} &= \text{金銭価値} + \text{時間価値} \\
100{,}000 &= (\text{0期のP}+\text{1期のP}) + (\text{1年後の利子}+\text{2年後の利子}) \\
100{,}000 &= 2 \times P + 0.1 \times P + 0.21 \times P \\
P(\text{定期支払額}) &= \frac{100{,}000}{2.31} \fallingdotseq 43{,}290
\end{aligned}
$$

この計算をPMT関数で求めると次のようになります。年に1度の預入、すなわち、手元から金融機関等への出金となりますので、PMT関数の結果はマイナスで表示されます。

=PMT(B1,B2,0,B4,1)
年利10％で2年後に10万円を受け取るための定期支払額を求めています。

関数を利用すると、あっという間に答えが求められますが、財務関数は引数が多い上に引数名も難解です。上述のPMT関数のしくみを知っておくと、引数指定の際に、金額の符号や利率と期間の換算などがスムーズになります。

引数解説

P.296～P.297をご覧ください。
借入の場合の**将来価値**は、一定期間返済した後の返済残高を指定しますが、借入金を完済する場合は「0」を指定します。省略することもできますが、「0」と入力した方が、借入金の完済が明確になります。

利用例1　ローンの毎月返済額を求める　　　　　　　　　PMT_1

借入金3,000万円を30年で返済するときの毎月の返済額を求めます。30年間の月払い回数は420回です。ここでは、利率の異なる3つのパターンで毎月の返済額を求めます。

	A	B	C	D
1		Case1	Case2	Case3
2	期間	420	420	420
3	定期支払額	-99,379	-84,686	-71,429
4	現在価値	30,000,000	30,000,000	30,000,000
5	将来価値	0	0	0
6	利率	2.0%	1.0%	0.0%

=PMT(B6/12,B2,B4,B5,0)

❶ 返済は毎月行いますので、**利率**は年利を12で割って指定します。
❷ 毎月30年間の支払回数は420回です。これを**期間**に指定します。
❸ 3,000万円は、今(現在)借り入れますので、「30,000,000」を**現在価値**に指定します。
❹ 借入金を完済しますので、**将来価値**には「0」を指定します。
❺ **支払期日**は期末払いのため、「0」を指定します。

利用例2　貸付金の定期回収額を求める　　　　　　　　　PMT_2

	A	B	C	D
1		Case1	Case2	Case3
2	期間	12	12	12
3	定期回収額	252,717	251,356	250,000
4	現在価値	-3,000,000	-3,000,000	-3,000,000
5	将来価値	0	0	0
6	利率	2.0%	1.0%	0.0%

=PMT(B6/12,B2,B4,B5,0)

利用例1の毎月の返済額は、借りる側の視点で求めた金額ですが、この例は、貸す側の視点で求めています。ここでは、300万円を貸し付けて、1年間で回収するときの月々の回収金額を求めます。

❶ 回収は毎月行いますので、**利率**は年利を12で割って指定します。
❷ 貸付期間は1年間ですが、毎月回収ですので、**期間**は12回です。
❸ お金を貸すということは、今（現時点）で手元から出金し、後（将来）で回収しますので、**現在価値**には、マイナス300万円を指定します。
❹ 当初の貸付金が手元にすべて戻ると、貸付金額が「0円」になりますので、**将来価値**は「0」を指定します。
❺ 回収は貸した時点ではなく、次の時点（ここでは月ごとの回収のため、翌月）から回収しますので、**支払期日**は「0」を指定します。

利用例3　毎月の積立金額を求める　　　　　　　　　　　　PMT_3

1年間で300万円を積み立てる場合の月々の積立額を求めます。

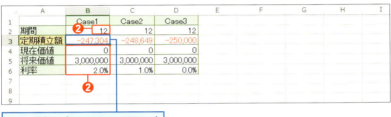

❶ 初月から積立を開始しますので、**支払期日**は「1」を指定します。
❷ 利用例1、2と指定するセルは同一です。ただし、積立の場合は、今（現時点）は積立金がありませんが、1年後（将来時点）に300万円になりますので、**現在価値**は0、**将来価値**が300万円になります。

利用例1〜3の数式は同一ですが（**支払期日**をセル参照にすれば同一）、借りる、貸す、積み立てるといったそれぞれの立場によって、数式の意味が変わります。

Section 92

分類 定期支払額　元金／利息

PPMT
IPMT

定期支払額の元金と利息を求める

対応バージョン 2007/2010/2013

書式
=PPMT(利率,期,期間,現在価値[,将来価値,支払期日])
=IPMT(利率,期,期間,現在価値[,将来価値,支払期日])

借入金（現在価値）を利率と期間で返済する場合、毎回の返済額は一定ですが、元金と利息の内訳は時間経過によって変化します。この時間経過を期で指定し、返済時の一時点の元金と利息の内訳を求めます。

解説

PPMT関数とIPMT関数はPMT関数（P.308）で求められる一定金額を、元金と利息に分解した金額になります。下の図は、借入金10万円を半年に一度返済し、2回で返済を完了するときの第1回目と第2回目の元金と利息の内訳を求めています。

=PPMT(B1/2,D2,B2,B3,B4,0)
第1回目の返済金額の元金を求めています。

支払金額は一定でPMT関数の結果と一致します。

=PMT(B1/2,B2,B3,B4,0)

=IPMT(B1/2,D2,B2,B3,B4,0)
第1回目の返済金額の利息を求めています。

引数解説　　　　　　　　　　　　　　　　　　　　　　　　　PPMT・IPMT_0

P.296〜P.297をご覧ください。

期

第何回目の支払か、1以上の数値を指定します。

0や期間を超える値を指定すると、[#NUM!] エラーになります。0は返済前になり、期間を超える値は返済終了後になるためです。

利用例　返済予定表を作成する　　　　　　　　　　　　　　PPMT・IPMT_1

P.310のローンの毎月返済額について、利率2％のケースで、元金と利息の内訳が付いた返済予定表を半年分作成します。

=PPMT($B$6/12,$D2,$B$2,$B$4,0,0)

=IPMT($B$6/12,$D2,$B$2,$B$4,0,0)

❶ 利率、期間、現在価値、将来価値、支払期日はPMT関数（P.310）と同様です。
❷ D列に返済回数を入力し、期に指定します。セル [D2] は第1回目の返済です。
❸ セル [E2] に入力したPPMT関数をオートフィルでセル [F2] にコピーし、関数名をIPMT関数に変更しています。

Section 93

分類 定期支払額　元金／利息の合計

CUMPRINC
CUMIPMT

指定期間の元金と利息の合計を求める

対応バージョン 2007/2010/2013

書式
=CUMPRINC(利率,期間,現在価値,開始期,終了期,支払期日)
=CUMIPMT(利率,期間,現在価値,開始期,終了期,支払期日)

借入金（現在価値）を利率と期間で返済する場合、毎回の返済額は一定ですが、元金と利息の内訳は時間経過によって変化します。この2つの関数は、開始期と終了期の一定期間の元金と利息の合計を求めます。

解説

CUMIPRINC関数とCUMIPMT関数は、借入金を繰り上げ返済するときに役立つ関数です。関連する関数に、PPMT関数とIPMT関数（P.312）、及びPMT関数（P.308）があります。

下の図に示すように、PPMT関数とIPMT関数はある一時点の元金と利息の内訳を求めますが、CUMIPRINC関数とCUMIPMT関数は一定期間の合計を求めます。

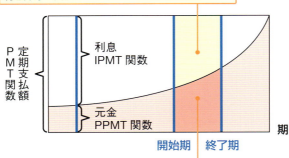

引数解説 　　　　　　　　　　　　　　　　　　　　CUMPRINC・CUMIPMT_0

P.296～P.297をご覧ください。

開始期　終了期

元金と利息の合計を求める期間の始まりと終わりを、数値で指定します。
指定する数値は、返済期間内で**開始期**≦**終了期**の関係です。
開始期と**終了期**が等しい場合、CUMPRINC関数はPPMT関数、CUMIPMT関数はIPMT関数と等しくなります。下の図は、P.312と同じ例で、年利5%で借り入れた10万円を2回で返済するケースです。

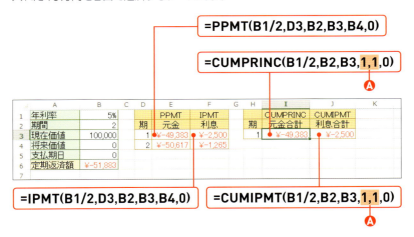

Ⓐ 開始期と終了期が等しい場合とは、左ページの図中にある終了期が開始期と重なり、1本の縦棒のようになったケースです。これは、ある一時点の元金または利息です。これはPPMT関数とIPMT関数と同様です。

支払期日

CUMPRINC関数とCUMIPMT関数では省略できません。期末払いは「0」、期首払いは「1」を指定します。省略すると、エラーメッセージが表示されます。＜OK＞ボタンをクリックして支払期日を指定してください。

利用例 繰り上げ返済に必要な元金と節約できる利息を求める

CUMPRINC・CUMIPMT_1

繰り上げ返済とは、ある一定期間の元金を前倒しで支払うことで、その期間の利息を節約する返済方法です。ここでは、年利2%で3,000万円を借り入れ、毎月払いで30年間返済する場合の、指定した期間の元金の合計と利息の合計を求めます。

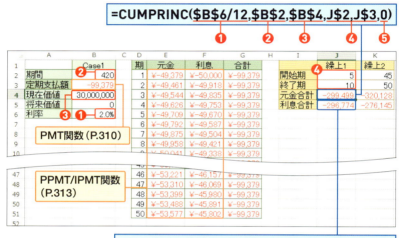

❶ 返済は毎月行いますので、利率は年利を12で割って指定します。
❷ 毎月30年間の支払回数は420回です。これを期間に指定します。
❸ 3,000万円は、今(現在)、借り入れますので、「30,000,000」を現在価値に指定します。
❹ 第5回の返済から第10回までの返済を繰り上げ返済しますので、開始期に「5」、終了期に「10」を指定します。
❺ 支払期日は期末払いのため、「0」を指定します。
❶から❺までの絶対参照と行のみ絶対参照は、CUMPRINC関数をオートフィルでコピーして使うために設定しています。
❻ セル[J4]で求めたCUMPRINC関数をオートフィルでセル[J5]にコピーし、関数名を「CUMIPMT」に変更します。指定した期間の利息合計が求められます。

第5期から第10期までを繰り上げ返済する場合、繰り上げに必要な元金は約30万円です。この30万円を支払うと、利息は約29万6千円の節約になります。これに対して、第45期から第50期までの場合は、同じ半年間（6回分）の繰り上げですが、元金は約32万円必要です（セル[K4]）。このとき節約できる利息は約27万6千円です（セル[K5]）。

繰り上げ返済は、後の期になるほど定期支払額の元金の割合が増えますので、用意する元金が増える一方で、節約できる利息が少なくなります。

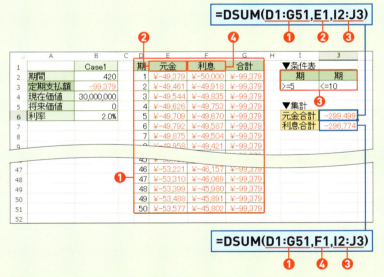

DSUM関数で繰り上げ返済の元金と利息の合計を求める

CUMPRINC関数とCUMIPMT関数の代わりにDSUM関数を利用して、指定期間の元金と利息の合計を求めることができます。DSUM関数を利用する場合は、返済予定表が必要になります。

❶ PPMT関数とIPMT関数で作成した返済予定表は、リスト形式のためDSUM関数のデータベースに指定できます。ここでは、セル範囲[D1:D51]を指定します。

❷❹ 集計するフィールドは、元金はセル[E1]、利息はセル[F1]です。

❸ 集計する条件は、条件表に入力したセル範囲[I2:J3]です。

Section 94

VDB

分類 減価償却費 定率法

定率法で減価償却費を求める

対応バージョン 2007/2010/2013

書式 =VDB(取得価額,残存価額,耐用年数,開始期,終了期[,率,切り替えなし])

償却資産の**取得価額**と**耐用年数**を指定し、**開始期**から**終了期**までの減価償却費を、指定した償却率の倍数（**率**）で求めます。

解説　　　　　　　　　　　　　　　　　　　　　　　　　　　　　　　　　VDB_0

一般に固定資産の購入金額は、一度に費用化せずに、使用期間で分割して費用化します。このときの毎期の費用を減価償却費といいます。減価償却には大きく分けて2通りの方法があります。1つは、購入金額を使用期間で頭割りする定額法です。もう1つは、一定の割合で費用化する定率法です。VDB関数は、定率法による減価償却費を求める関数です。

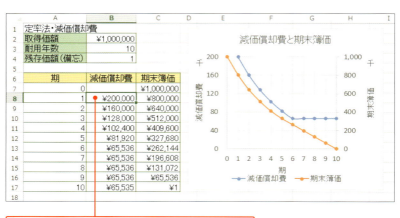

=VDB($B$2,0,$B$3,A7,A8,2,FALSE)

100万円で取得した固定資産を10年で償却するときの第1期（0〜1期）の減価償却費を求めています。

定率法の減価償却の特徴は、左ページのグラフにあるとおり、償却費は初めの年ほど多く、後になるほど償却費が少なくなります。そして、ある期（償却費が償却保証額を下回る期で、関数内部で計算されます）を境に定額法に切り替わります。基本的には0円まで償却しますが、日本では固定資産が存在した証として、備忘の1円を残すことになっています。

日本の定率法はしくみが複雑ですが、VDB関数を使えば、自分で用意する引数の値は**取得価額**と**耐用年数**のみです。

引数解説

取得価額
固定資産の取得価額を指定します。

耐用年数
固定資産の耐用年数を指定します。取得した固定資産の種類や用途によって耐用年数が異なります。国税庁のホームページで確認できます。

残存価額
0を指定します。最後の期に備忘の1円を調整します。

開始期　終了期
償却期間を**開始期**から**終了期**の形式で指定します。第1期の償却費を求めるには、**開始期**に「0」、**終了期**に「1」を指定します。

率
定率法の償却率は、定額法の償却率「1／耐用年数」の2.5倍、または、2倍です。**率**は、この倍数を指定しますので、2.5もしくは2を指定します。固定資産の取得時期によって、指定する**率**が異なります。

取得時期	率
平成19年4月1日〜平成24年3月31日	250%または2.5
平成24年4月1日以降	200%または2

「2」の場合は省略可能ですが、何倍で償却しているのかを明らかにするためにも、省略せずに指定することをおすすめします。

切り替えなし
定率法から定額法に切り替えない場合に［TRUE］、切り替える場合に［FALSE］を指定しますが、日本は定額法に切り替えますので、［FALSE］を指定します。なお、省略すると［FALSE］を指定したことになります。

利用例　定率法による減価償却費を求める　　　　　　　　　　　　　VDB_1

耐用年数5年、取得価額50万円の固定資産を定率法で償却するときの各年度の減価償却費を求めます。ここでは、2倍法と2.5倍法の両方で求めます。250%の方が早期に費用を償却できることがわかります。

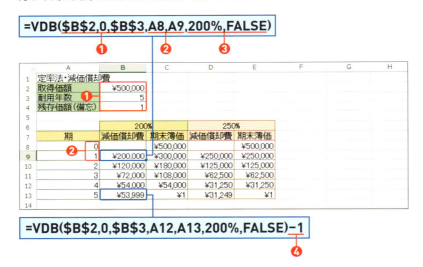

❶ 取得した固定資産の**取得価額**（セル[B2]）と**耐用年数**（セル[B3]）、及び残存価額の「0」を指定します。期が進んでも**取得価額**と**耐用年数**の参照がずれないように、絶対参照を指定します。

❷ **開始期**と**終了期**は期を利用します。第1期は0〜1となるように、**開始期**にセル[A8]、**終了期**にセル[A9]を指定します。

❸ **率**は200%とし、途中で定額法に切り替えるので[FALSE]を指定します。250%定率法の場合は、**率**に250%と指定する以外は200%と同様です。

❹ 備忘の1円を調整するため、最後の期では1円を引きます。

減価償却は償却方法がよく変更されますので、国税庁のホームページなどで最新情報を確認してご利用ください。

付録

付録 1	関数の入力
付録 2	演算子
付録 3	ワイルドカード
付録 4	エラー値
付録 5	名前の利用
付録 6	セルの表示形式と書式記号
付録 7	セルの参照方式
付録 8	関数の組み合わせ
付録 9	配列数式
付録 10	値の貼り付け
付録 11	互換性関数

付録1
関数の入力

Excelには、350種類を超える関数が用意されていますが、関数の基本的な書式と入力方法は共通しています。

> **書式** **=関数名(引数1,引数2[,引数3,…,引数N])**
>
> 関数は数式ですので、「=」を入力し、続いて、関数名、カッコでくくった引数を入力します。引数は、関数の計算に使われる値です。複数の引数が必要な関数では、引数と引数の間は「,」(カンマ)で区切ります。また、[ ]で囲まれている引数は、省略可能であることを示します。

関数の入力

関数を入力するとき、半角の「=」のあと、関数名の先頭文字を入力すると、先頭文字で始まる関数名の候補が一覧表示されます。一覧から目的の関数名をダブルクリックすると、関数名と開きカッコまで入力されます。関数名の2文字目、3文字目を入力していくと候補が絞られ、関数が選びやすくなります。

1 先頭文字を入力します。

2 スクロールバーがあり、多くの候補があります。

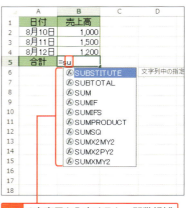

3 2文字目を入力すると、関数候補が絞られます。

322

引数に指定する値

引数には数値や値の入ったセルを指定するのが一般的ですが、セルに付けた名前（P.328）や文字なども指定できます（引数に指定する値は下の表参照）。
以下の図では、「得意科目」欄に「国語」と表示された人数と科目ごとの平均点を求めています。いずれも引数に「国語」とありますが、文字としての「国語」とセルの名前としての「国語」の違いがあります。

Ⓐ 引数の「国語」は文字として設定しています。**文字を直接引数に指定するには、文字の前後を「"（ダブルクォーテーション）」で囲みます。**

Ⓑ 引数の「国語」は、セル範囲 [B2:B6] に設定した名前です。あらかじめ、対応するセルやセル範囲を名前として登録しておくことで、見た目は「国語」という文字列でも、Excelはセル範囲 [B2:B6] と認識します。

▼引数に指定する値

値の種類	説明	例
セル参照	セル、セル範囲、セルやセル範囲に付けた名前（名前→P.328）	A1,A1:C2 国語（名前）
数値	実数、整数	42.195　0　-3.22
文字	英数カナ、ひらがな、漢字、特殊文字、ワイルドカードなど文字全般。直接指定する日付と時刻も文字扱いとなる	"国語"　"東京都" "商品＊"　"0:30" "2014/8/13"
論理値	TRUE（真）、FALSE（偽）のいずれかで大文字／小文字は問わない	true　false TRUE　FALSE
論理式	主に比較演算子を利用した式で、結果が論理値になる	A5>100 C3=F5 B5>=2014/7/16
数式	演算子を利用した式で関数も含む。結果は数値や文字列になる	B3+B4/12 B3&"円"
エラー値	関数や数式の計算が原因で発生するエラー	#N/A #DIV/0!
配列定数	「,（カンマ）」をデータ区切り、「;（セミコロン）」を行区切りとする「{}（中カッコ）」で囲まれた仮想表	{1,"鈴木";2,"宮本"}

付録2
演算子

数式に使う記号を、演算子といいます。下の表の「順位」とは、計算の優先順位です。数式に複数の演算子が利用されている場合は、優先順位の高い方から計算されます。ただし、「-（マイナス）」は、引き算の意味で使うときは順位「4」ですが、負の値の意味で使うときは最優先されます。さらに、カッコで囲まれた数式は先に計算されます。

▼演算子の種類

演算子	記号	意味	順位
算術演算子	%（パーセント）	百分率	1
	^（キャレット）	べき乗	2
四則演算子	*（アスタリスク）	掛け算	3
	/（スラッシュ）	割り算	
	+（プラス）	足し算	4
	-（マイナス）	引き算	
文字列演算子	&（アンパサンド）	文字列の結合	5
比較演算子	=（イコール）	左辺と右辺が等しい	6
	<>（不等号）	左辺と右辺が等しくない	
	>=（以上）	左辺は右辺以上	
	<=（以下）	左辺は右辺以下	
	>（より大きい）	左辺は右辺より大きい	
	<（より小さい）	左辺は右辺より小さい	

関数と演算子

関数全体に演算子を用いたり、関数の引数に演算子を用いたりします。

A =SUM(D2:D4)*1.08
関数で税抜合計金額を求め、1.08倍して税込金額を求めます。

B =IF(D5>5000,D5-500,D5)
税込金額が5千円を超えたら500円引きにします。

Ⓐ 関数全体に演算子を利用している例です。ここでは、「＊」を用いて税込金額を求めています。
Ⓑ 関数の引数に演算子を利用している例です。ここでは、「>」を用いて税込金額と5千円を比較し、「-」を用いて値引きをしています。

四則演算子における論理値と文字の認識、および関数との比較

四則演算子では、論理値「TRUE」は「1」、「FALSE」は「0」と認識されますが、文字は計算できない値と認識され、エラーとなります。
一方、関数では、論理値や文字を無視する場合があります。以下は四則演算子の「+」とSUM関数、「＊」とPRODUCT関数の比較です。

同じ「足し算」「掛け算」ですが、演算子と関数の結果が異なります。

ⒸⒹ 四則演算子「+」を使った足し算の結果は「2」ですが、SUM関数は論理値を無視するため「0」になります。
ⒺⒻ 四則演算子「＊」を使った掛け算の結果は「1」ですが、PRODUCT関数は論理値を無視するため「0」になります。
Ⓖ 文字は計算する値ではないため、四則演算子は［#VALUE!］エラーになりますが、SUM関数（PRODUCT関数も同様）は文字を無視するため、結果が表示されます。
Ⓗ 四則演算子と関数とを組み合わせた例です。「＊」はTRUEを1と見なしますので、「B2＊1」と「C2＊1」はともに「1＊1」を計算していることになり、計算結果が数値になるため、引数の中で無視されなくなります。この「＊1」は、論理値を数値化するときによく使う手法です。

付録3
ワイルドカード

ワイルドカードは、文字の一部、または、全部の代わりになる代替文字です。文字の長さに関係なく何らかの文字を表すには「＊」(アスタリスク)、1文字を表すには「?」(疑問符)を利用します。また、「＊」「?」を文字として指定する場合は、直前に「~(チルダ)」を指定します。

▼ワイルドカードの例

指定例	意味	検索される文字の例
＊市＊	市が付く文字	三鷹市　市場　蚤の市
＊市	市で終わる文字	三鷹市　蚤の市
市＊	市で始まる文字	市場　市川市
＊	任意の文字	空白セル以外の文字
??川	3文字目が川の3文字	最上川　多摩川　石狩川
川?	川で始まる2文字	川口　川越　川崎
?	任意の1文字	市　川　1

▼COUNTIF関数を利用した検索例

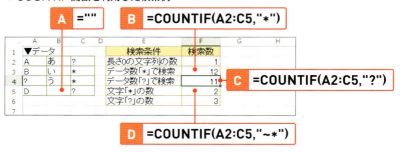

Ⓐ 長さ0の文字列です。
Ⓑ セル範囲[A2:C5]を対象に、空白以外のデータ数を求めています。「＊」で検索する場合、Ⓐは空白とは見なされず、カウントされます。
Ⓒ セル範囲[A2:C5]を対象に、任意の1文字のデータ数を求めています。長さ0の文字列は、1文字ではないので「?」では検索されません。
Ⓓ セル範囲[A2:C5]の中の文字「＊」の数を求めています。

付録4
エラー値

関数を入力した結果、セルにエラーが表示される場合があります。Excelでは、エラーの原因によって表示されるエラー値が変わります。
本書では、随所にエラー例を紹介していますが、以下の表も参考にして、エラーの原因を探る手がかりにご利用ください。

▼エラーの種別とエラーの原因

種別とエラーの意味	主なエラーの原因
#NAME? 認識できない文字がある	・関数名のスペルミス ・新バージョンで追加された関数を旧バージョンで使用 ・セルの名前が定義されていない
#VALUE! 指定するデータ形式に間違いがある	・数値を指定するところに文字が指定されている ・セルの指定なのにセル範囲を指定している ・文字が「"」で囲まれていない
#DIV/0! 0か空白セルで除算している	・0か空白セルで割り算をしている ・分母が0になる
#REF! 参照しているセルがない	・関数の引数に指定されているセルを削除、または、そのセルを含む行や列を削除した
#N/A 利用できる値がない	・引数に指定したセルに利用できる値が入っていない、または空白セルになっている ・複数の配列を指定する際、配列同士の構成（行数と列数）が同じでない
#NUM! 数値に問題がある	・反復計算で解が見つからない ・引数に指定できる数値の範囲を超えている
#NULL! 2つのセル範囲に共通部分がない	・引数に、複数のセルやセル範囲を指定する際、セルやセル範囲ごとに「,」(カンマ) で区切られていない ・セル範囲を指定するための「:」(コロン) が抜けている
##### 結果が表示しきれない、または、日付と時刻に問題がある	・セルの列幅が狭く、すべての桁が表示しきれていない ・日付や時刻が負の値になっている

付録5
名前の利用

セルやセル範囲に名前を付けると、付けた名前を関数の引数に指定することができます。名前の付け方は任意ですが、計算目的に合った文字にすると、数式がわかりやすくなります。

名前の設定

名前の設定.xlsx

セルやセル範囲に付ける名前は基本的に任意ですが、いくつかのルールがあります。

■ 名前の付け方のルール
・「A1」、「B2:B5」などセルやセル範囲と同じ名前を指定しない。
・スペースは利用できない。
・名前の頭に数字を指定したい場合は、先頭に「_(アンダースコア)」を入力する。
 このとき名前は「_1組」などとなり、「_」は省略できない。
・最大253文字までしか指定できない。

■ 名前の設定
名前ボックスを使った操作方法が直感的でわかりやすく、操作も簡単です。

1 名前を付けるセルやセル範囲を選択します。

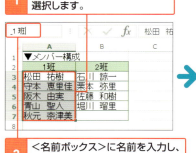

2 <名前ボックス>に名前を入力し、Enterキーを押します。

3 <名前ボックス>の▼をクリックすると、登録済みの名前が表示されます。

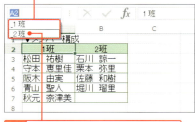

4 ここでは、「_2班」をクリックして選択します。

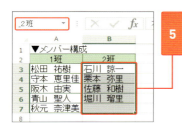

5	セル範囲 [B3:B7] が選択されます。名前「_2班」とセル範囲 [B3:B7] が対応していることが確認できます。

名前の管理

名前の管理 .xlsx

一度登録した名前は、＜名前の管理＞ダイアログボックスで管理されています。このダイアログボックスを使うと、名前の変更や削除、参照するセルやセル範囲の変更を行うことができます。

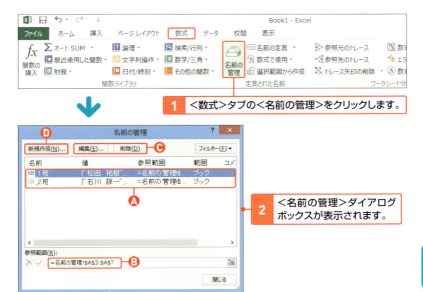

- Ⓐ ブックに登録中の名前一覧が表示されます。
- Ⓑ Ⓐで選択した名前の参照範囲が表示されます。**名前は絶対参照で登録されています**。参照範囲をクリックするとカーソルが表示されますので、参照範囲を設定し直すことができます。
- Ⓒ Ⓐで選択した名前を編集したり、削除したりするボタンです。＜編集＞ボタンは、名前と参照範囲の編集ができます。＜削除＞ボタンは名前の登録を破棄します。
- Ⓓ セルやセル範囲に付ける名前を新規登録するボタンです。

名前を関数の引数に利用する

参照する範囲がいつも同じ場合は、名前を設定すると関数が読みやすくなります。

E =VLOOKUP(A3,商品表,2,FALSE)

🅔 名前を設定するとわかりやすくなる例です。ここでは、VLOOKUP関数で商品表から価格検索を行っています。範囲に指定するセル範囲[E3:G5]の代わりに、名前「商品表」を利用しています。

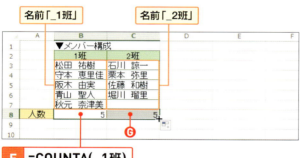

F =COUNTA(_1班)

🅕 名前を設定したことで不便になる例です。ここでは、COUNTA関数を利用して1班の人数を数えています。

🅖 2班の人数を求めるため、🅕に入力した関数をオートフィルでセル[C8]にコピーしています。しかし、「4」人になるはずが「5」人と表示されています。これは、名前が絶対参照で登録されており（🅑）、参照範囲が移動しなかったためです。このように、参照範囲を移動しながら関数を入力したい場合には、名前は不向きです。

以上のことから、名前は、あまり参照範囲が変更にならないデータに設定すると便利です。たとえば、商品表や得意先データ、社内の内線電話帳など、日々の変化の少ないデータが該当します。裏を返すと、日々変化する売上データや仕入データなどに、名前は不向きということです。これらは、頻繁に名前の参照範囲の変更が必要になるためです。

名前の削除

名前の削除 .xlsx

不要な名前は削除できます。しかし、どこかで名前を利用している場合は、その名前を削除すると [#NAME?] エラーが発生するか、正しい結果が得られなくなります。以下の図は、前ページと同じCOUNTA関数の例です。COUNTA関数はエラー値を「1」と数えますので、関数の結果がエラーになっていませんが、正しい結果にはなりません。名前を削除するには、P.329の操作を行い、＜名前の管理＞ダイアログボックスを表示します。

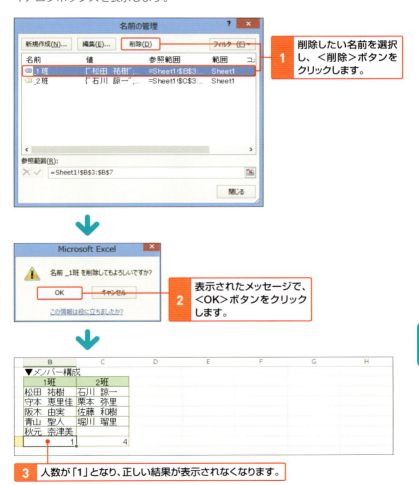

1 削除したい名前を選択し、＜削除＞ボタンをクリックします。

2 表示されたメッセージで、＜OK＞ボタンをクリックします。

3 人数が「1」となり、正しい結果が表示されなくなります。

付録6
セルの表示形式と書式記号

関数の結果は、セルの表示形式にしたがって表示されます。何も設定していなければ、通常「G/標準」(日付の場合は「日付」形式)です。
セルの表示形式を変更するには、＜セルの書式設定＞ダイアログボックスの＜表示形式＞タブを利用します。特に、＜ユーザー定義＞を利用すると、「書式記号」を使った独自の表示形式を作成できます。
よく利用する書式記号を以下に抜粋します。

▼ 数値の書式記号

記号	書式記号の意味		例
G/標準	標準形式で表示。ただし、日付はシリアル値で表示される	G/標準	2014/8/1→41852 ¥1,500→1500
#	数値を表示。指定した桁数に満たなくても「0」で補わない	#	123→123 0→空白
0	数値を表示。指定した桁数に満たない場合は「0」で補う	0.00	123.5→123.50 0→0.00
,	3桁区切り。ただし、「#」「0」「?」の末尾に付けた場合は、「,」1つあたり、千単位で四捨五入する	#,### #,###, #,###,,	1234→1,234 1234→1 1234567→1

▼ 日付の書式記号

記号	書式記号の意味		例
yyyy	西暦を4桁で表示	yyyy	H26/9/1→2014
yy	西暦を下2桁で表示	yy	H26/9/1→14
g	和暦の元号を英字で表示	ge	2014/9/1→H26
gg	和暦の元号を漢字1字で表示	gge	2014/9/1→平26
ggg	和暦の元号を表示	ggge	2016/9/1→平成26
m	月数を表示	m	2014/9/1→9
mm	月数を2桁で表示	mm	2014/9/1→09
d	日数を表示	d	2014/9/1→1
dd	日数を2桁で表示	dd	2014/9/1→01
aaa	曜日を漢字1字で表示	aaa	2014/9/1→月

▼時刻の書式記号

記号	書式記号の意味	例	
h	時を0〜23までの値で表示	h	9:5:7→ 9
hh	時を00〜23までの2桁で表示	hh	9:5:7→ 09
m	分を0〜59までの値で表示。単独で使うと月数の「m」と解釈されるため、「h」や「s」と一緒に指定する。「mm」も同様	h:m	9:5:7→9:5
mm	分を00〜59までの2桁で表示	h:mm	9:5:7→9:05
s	秒を0〜59までの値で表示	m:s	9:5:7→5:7
ss	秒を00〜59までの2桁で表示	m:ss	9:5:7→5:07
[ ]	時刻の経過時間を表示。24時以降、60分、60秒以上の値を表示する	[h] [m] [s]	26:10→26 26:10→1570 26:10→94200

表示形式の変更方法

<ユーザー定義>には組み込みの表示形式が登録されていますので、設定したい内容に近いものを選んでから手を加えると、作業がスムーズです。ここでは、日付を和暦に変更し、曜日を加えてみます。

1 表示形式を変更したいセルやセル範囲を選択し、Ctrl+1キーを押します。

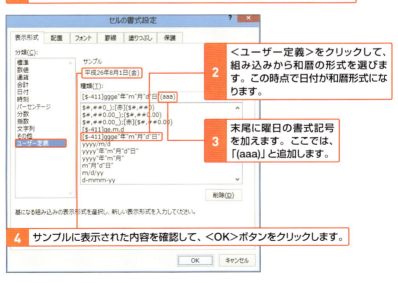

2 <ユーザー定義>をクリックして、組み込みから和暦の形式を選びます。この時点で日付が和暦形式になります。

3 末尾に曜日の書式記号を加えます。ここでは、「(aaa)」と追加します。

4 サンプルに表示された内容を確認して、<OK>ボタンをクリックします。

付録7

セルの参照方式

通常、関数の引数には、セル参照を利用します。セル参照を利用する理由は2つあります。

① 値の変更が簡単になる
セルの内容が変更された場合、自動再計算機能により、変更した値ですぐに関数の結果が更新されます。

② 数式や関数のコピーが簡単になる
複数のセルに同じ数式や関数を入力する際、先頭のセルに数式(関数)を入力して、残りのセルはオートフィルで数式(関数)をコピーして使うことができます。

しかし、②の場合は、コピー元の先頭のセルだけでなく、コピー先のセルのことも考えてセル参照を指定する必要があります。具体的には、3種類のセル参照方式を正しく選ぶ必要があります。

相対参照の数式をコピーする

相対参照 .xlsx

相対参照は、コピー元の数式のセル参照をコピー先のセルの位置に合わせてセル参照を書き換える方式です。ここでは、消費税率8%の消費税額と請求金額を求める数式を作成します。なお、8%はセル参照にせず、数値で入力します。

相対参照の数式を作成する

1 この表の先頭のセル[C2]と[D2]に数式を入力します。

2 セル範囲[C2:D2]を選択し、フィルハンドルをドラッグして、残りのセルにコピーします。

3 数式で参照しているセルが相対的に移動することによって、それぞれの顧客の消費税額と請求金額が求められました。

=B6*8%　=B6+C6

Ⓐ セル[C2]に入力した「=B2＊8%」をオートフィルでコピーしても、「8%」は変化しません。

絶対参照の数式をコピーする　　　　　　　　　　　絶対参照.xlsx

絶対参照は、コピー元の数式のセル参照を固定し、コピー先でも同じセルを参照させる方式です。コピー先でも同じセルを参照するということは、コピー先でも同じ値を使い続けるということです。ちょうど、上の図の消費税率は、コピー元からコピー先まで同じ値「8%」を使い続けています。そこで、前ページの消費税率8%を数値で指定せずにセル参照にします。ここでは、セル[F2]に「8%」と入力しています。

■ 数式内の数値をセル参照に置き換える

1 セル[C2]をダブルクリックし、「8%」をドラッグして選択します。

2 セル[F2]をクリックし、「8%」を[F2]に置き換え、Enterキーを押して確定します。

3 置換前の消費税額と同じ値になったことを確認し、オートフィルで数式をコピーします。

4 置換前の消費税額と異なり、正しい値になりません。

5 セル[C6]をダブルクリックして数式を調べると、セル[F2]ではなく、セル[F6]が参照されています。

Ⓑ セル[C2]に入力した「=B2＊F2」は正しい結果です。
Ⓒ コピー先のセル参照を考えずにセル[C2]の数式をコピーしたため、セル[F2]が相対的に移動し、セル[F6]を参照することになりました。セル[F6]は空白セルなので「0」と見なされ、消費税額が「0」円と表示されています。

以上より、セル[C2]に入力した数式を残りのセルにコピーして使うには、セル[F2]が動かないようにセル参照を固定する必要があります。

■ 数式を修正する

1 セル[C2]をダブルクリックし、「F2」をドラッグして選択します。

2 F4キーを押します。

3 絶対参照に切り替わります。Enterキーを押して数式を確定します。

	A	B	C	D	E	F	G
1	顧客名	買上金額	消費税額	請求金額		消費税率	
2	庵野 聡	10,750	=B2*$F$2	11,610		8%	
3	伊豆 雅人	13,300	0	13,300			
4	江口 辰也	13,740	0	13,740			
5	津田 雅子	14,620	0	14,620			
6	中川 聡美	11,040	0	11,040			

4 オートフィルで数式をコピーすると、残りのセルにも正しい消費税額が表示されました。

	A	B	C	D	E	F	G
1	顧客名	買上金額	消費税額	請求金額		消費税率	
2	庵野 聡	10,750	860	11,610		8%	
3	伊豆 雅人	13,300	1,064	14,364			
4	江口 辰也	13,740	1,099	14,839			
5	津田 雅子	14,620	1,170	15,790			
6	中川 聡美	11,040	883	11,923			

`=B6*$F$2`

Ⓓ セル [C2] の数式でセル [F2] を固定したため、オートフィルでコピーしてもセル [F2] が参照されます。「$」は列や行を固定する記号です。

Memo

参照方式は F4 キーで切り替える

セルの参照方式を切り替えるには、参照方式を変更したいセル参照を選択し、F4 キーを押します。1回押すと絶対参照、2回押すと行のみ絶対参照、3回押すと列のみ絶対参照になり、もう一度押すと相対参照に戻ります。

Q なぜ、消費税率をセル参照にしたのですか？ 数式に直接「8%」と入力すれば、絶対参照にする必要はないと思います。
A 変更される可能性がある数値のためです。

P.334で数式や関数にセル参照を利用する理由を2つ挙げていますが、その理由の1つが「セル参照にすることで値の変更が簡単になる」です。たとえば、消費税率が10%に変更になった場合は、セルの中身だけ入れ替えれば、自動的に再計算されます。しかし、直接数値を入力して数式を作成すると、数値が変更になった場合に、数値が入力された数式を探して修正する必要があります。一度作成した数式を変更するのはトラブルの元です。消費税率に限らず、将来的に変更される可能性がある数値は、セル参照にすることをおすすめします。

Q 何度聞いても絶対参照がよくわかりません。以下のようにすべての数式にセル[F2]と入力するのではダメなのですか？

	A	B	C	D	E	F	G	H
1	顧客名	買上金額	消費税額	C列に入力する数式		消費税率		
2	庵野　聡	10,750	860	=B2*F2		8%		
3	伊豆　雅人	13,300	1,064	=B3*F2				
4	江口　辰也	13,740	1,099	=B4*F2				
5	津田　雅子	14,620	1,170	=B5*F2				
6	中川　聡美	11,040	883	=B6*F2				
7								

A その方法も間違いではありません。しかし、時間がかかり、作業効率が悪化します。

P.336でも「残りのセルにコピーして使うには」と強調していますが、絶対参照や複合参照は、数式や関数の入力効率を上げるためにあります。作業時間が十分にあり、絶対に入力を間違えないという前提であれば、絶対参照や複合参照は使わなくてもかまいませんが、現実的ではありません。絶対参照を使えば、先頭の数式を注意深く入力するだけで、残りはオートフィルを使って数秒で片付きます。

最初は相対参照で数式を入力してコピーし、他のセルの数式を確認しながら参照方式の変更や修正を加えていくことをおすすめします。

複合参照の数式をコピーする

複合参照 .xlsx

複合参照は、コピー元の数式のセル参照を列だけ、もしくは、行だけ固定する参照方式です。行番号または列番号の固定している方だけに、「$」が付きます。ここでは例として、縦横の数字を足し算する3×3マス計算表を作ります。

▼3×3マス計算表

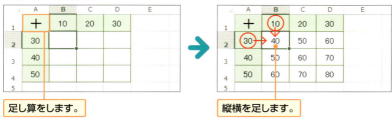

足し算をします。　　　　　　　　　　縦横を足します。

足し算の数式を作成します。1マスずつ数式を作成すると、次のようになります。下の図の右側の数式は、左側の計算表に入力されている数式を表示しています。

	A	B	C	D	E	F	G	H	I	J
1	＋	10	20	30		＋	10	20	30	
2	30	40	50	60		30	=A2+B1	=A2+C1	=A2+D1	
3	40	50	60	70		40	=A3+B1	=A3+C1	=A3+D1	
4	50	60	70	80		50	=A4+B1	=A4+C1	=A4+D1	
5										

■ セル参照の共通番号を見つける

上の図では、どのマスにも似たような数式が入力されていますが、決まった特徴が2つあることがわかります。

① どのマスも足し算の第1項はA列を参照している
② どのマスも足し算の第2項は1行目を参照している

① A列の参照　　　　　　　② 1行目の参照

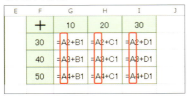

①②より、項目列と項目行が共通していることがわかります。

以上から、この計算表の先頭の数式を、足し算の第1項でA列を固定し、足し算の第2項で1行目を固定するように作成します。すると、残りのセルはオートフィルで数式がコピーできるようになります。

■ セル参照を複合参照に切り替える

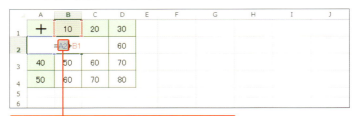

 数式の先頭のセル [B2] をダブルクリックし、「A2」をドラッグして選択します。

 F4キーを3回押します。

3 列のみ絶対参照に切り替わります。

4 数式の第2項の「B1」をドラッグして選択します。

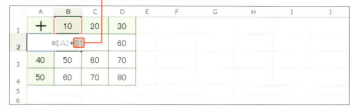

5 F4キーを2回押します。

6 行のみ絶対参照に切り替わります。
Enterキーを押して数式を確定します。

7 セル[B2]を選択して、オートフィルで
セル[D4]までコピーします。
正しい結果が表示されました。

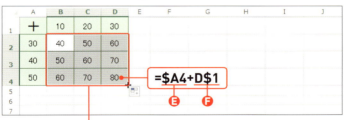

E 数式をコピーしても、足し算の第1項はA列が参照されています。
F 数式をコピーしても、足し算の第2項は1行目が参照されています。

付録8
関数の組み合わせ

Excelの関数では、関数の引数に関数を指定することができます。これを「ネスト」（入れ子）といいます。ネストできる階層は、64階層です。ただし、ネストできるからといって多くの階層を用いると、関数が読みにくくなりますので、おすすめできません。階層が多くなる場合は、途中で作業用のセルを利用して、階層が深くならないようにします。

組み合わせた関数の読み方

組み合わせた関数は、「=」のすぐあとの関数名を見て、動作をつかんでおき、続いて、内側から外側へ読みます。カッコつきの数式を内側から外していくイメージです。

組み合わせ例 =INT(AVERAGE(B2:B5))
　　　　　　　　　❶　　❷

❶「=」のすぐあとの「INT」を確認し、数値の小数点以下を切り捨てることをつかんでおきます。

❷ 内側の関数「AVERAGE」から、指定した範囲の平均値を求めていることを確認します。

以上より、❷で求めた平均値の小数点以下を、❶で切り捨てていることがわかります。

関数の組み合わせ方法　　　　　　　　　　　　　ネスト.xlsx

関数を組み合わせるときは、最初から組み合わせて入力せずに、まず作業用セルを利用して途中計算の結果を確認します。途中経過が確認できたら、作業用セルに入力した関数を、外側の関数の引数にコピー＆貼り付けして組み合わせます。

Ⓐ セル [B6] の数値の小数点以下を切り捨てています。
Ⓑ セル範囲 [B2:B5] の平均値を求めています。

個別に入力した関数の動作を確認したら、次のように組み合わせます。

セル [E2] =INT(B6)　セル [B6] ＝AVERAGE(B2:B5)

■ 組み合わせ手順

1 セル [B6] の数式バーで「=」を除いた関数名以降をドラッグして選択します。

2 Ctrl+Cキーでコピーし、ESCキーを押して選択を解除します。

3 セル [E2] の数式バーで [B6] 部分をドラッグして選択し、Ctrl+Vキーを押します。

4 2でコピーした関数(ここではAVERAGE関数)が貼り付けられます。Enterキーを押して決定します。

5 関数の組み合わせが完成しました。

付録9
配列数式

同種のデータを連続的に入力したときのひとかたまりのデータを「配列」、配列内の個々のデータを「配列の要素」といいます。Excelのワークシートでは、セルを配列の要素として、連続して選択したセル範囲を配列として扱うことができます。配列数式とは、配列（セル範囲）を参照して計算する数式です。ただし、セル範囲をひとかたまりのデータとしてまとめて扱うという点で、数式の入力方法や修正方法に違いがあります。

通常の数式と配列数式

以下は、各店舗の4月と5月の売上合計を求める表です。通常の数式であれば、セル [D2] に「=B2+C2」と入力し、残りのセルはオートフィルで数式をコピーします。つまり、個々に数式を入力します。

	A	B	C	D	E
1	店舗名	4月売上	5月売上	合計	
2	新宿店	28,335	33,302	61,637	
3	池袋店	14,677	16,889	31,566	
4	渋谷店	14,567	18,112	32,679	

A =B2+C2

🅐 新宿店の4月売上と新宿店の5月売上を足し算して合計を求めています。池袋店、渋谷店も同様です。店舗ごとに個別に足し算をしています。

以下は、配列数式で入力した場合です。ここでは、配列を直感的にイメージするために、セル範囲 [B2:B4] に「_4月」、セル範囲 [C2:C4] に「_5月」と名前を付けています（P.328）。

🅑 配列数式は、「_4月と_5月を足し算して合計を求める」というイメージです。配列数式を入力すると、数式の前後が「{ }」（中カッコ）で囲まれます。この中カッコは手入力するのではなく、自動的に付きます。

配列数式の入力方法

配列数式 1.xlsx

配列数式は、「かたまり」(つまりセル範囲)を意識して入力します。また、通常の数式では、数式の確定の際に Enter キーを押しますが、配列数式の確定は Ctrl + Shift + Enter キーを押します。配列数式の入力が確定すると、数式の前後が中カッコで囲まれます。

■ 配列数式を入力する

1 配列「合計」を選択します。つまり、セル範囲 [D2:D4] を選択します。

2 「=」を入力し、配列「_4月」(セル範囲 [B2:B4])を選択します。

「4月売上」のかたまりを選んでいることを意識します。

3 「+」を入力し、配列「_5月」(セル範囲C2:C4)を選択します。

4 Ctrl + Shift + Enter キーを押して配列数式の入力を確定します。

{=B2:B4+C2:C4}

配列数式の変更・修正方法

配列数式 2.xlsx

配列はセル範囲を1つのかたまりとして扱うので、配列数式を変更・修正する場合もひとかたまりの配列で指定する必要があります。ここでは、配列の要素を追加する変更を行います。

■配列の要素を追加する

1 追加分を含めた配列のセル範囲 [D2:D5] を選択します。

2 数式バーで配列「_4月」のセル範囲を [B2:B5] に修正します。

3 修正後の範囲は色枠で確認します。なお、色枠のハンドルをセル [B5] までドラッグして変更することもできます。

4 配列「_5月」のセル範囲も、同様に [C2:C5] に修正します。

5 Ctrl + Shift + Enter キーを押して確定すると、配列の要素が追加されます。

Q 配列の要素を減らす場合も、追加するときと同様の操作でできますか?
A できません。いったん配列数式を削除してから入力し直します。

配列数式は、配列全体をひとかたまりとして扱いますので、要素を減らしたセル範囲を選択しても、配列を選んでいないことになるためです。無理に操作を続けても、配列数式を確定するタイミングでエラーメッセージが表示されます。

Q 配列内の一部の要素が不要になりました。行の削除はできますか?
A できません。いったん配列数式を削除してから行の削除を行います。

たとえば、前ページの表で「池袋店」が不要になった場合、池袋店の行(3行目)を削除すると、次のエラーメッセージが表示されます。

メッセージを確認し、<OK>ボタンをクリックします。

配列数式を削除するとき、配列数式の範囲がわからない場合は、次のように操作します。

1 配列内の任意の要素を選択し、Ctrl+/キーを押します。

2 配列数式の入った配列全体が選択されます。Deleteキーを押すと、配列数式が削除されます。

付録10
値の貼り付け

`値の貼り付け.xlsx`

文字列操作関数を使うと、関数を使って表記ゆれを修正したり、セルのデータを分割したりしてデータを整えることができます。しかし、関数の結果が表示されているだけなので、実際のデータ（値）ではありません。整えたあと、正式なデータとして扱いたい場合は、関数の結果をコピーし、同じセルに値として貼り付けます。この方法は、文字列操作関数以外でも、関数の結果をデータに変換したい場合に利用できます。

文字列操作関数を実行したあと、不要になった元データを削除すると、[#REF!]エラーになります。エラーにならないようにするには、関数結果をデータに変換する必要があります。

見た目はフリガナですが、関数の結果です。

エラーになったので、すぐに＜元に戻す＞ボタンをクリックして「氏名」を戻します。

■ 関数の結果を値にする

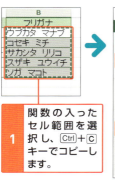

1. 関数の入ったセル範囲を選択し、[Ctrl]+[C]キーでコピーします。

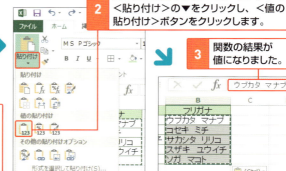

2. 同じセル範囲のまま、＜ホーム＞タブの＜貼り付け＞の▼をクリックし、＜値の貼り付け＞ボタンをクリックします。

3. 関数の結果が値になりました。

付録11
互換性関数

Excel関数は、Excel 2010のときに、一部関数の表記変更と機能強化が図られ、表記が変更される前の関数は「互換性」に分類されるようになりました。「互換性」に分類されている関数は、Excel 2010/2013でも使用可能です。

互換性関数の見分け方

数式オートコンプリートの一覧に表示されるアイコンで、見分けられます。互換性関数には、アイコンの右下に黄色い三角のマークが付いています。

互換性関数を一覧で確認するには、＜数式＞タブの＜その他の関数＞をクリックし、＜互換性＞にマウスポインタを合わせます。

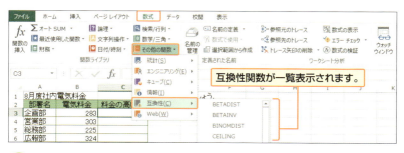

Excel 2007以前で開く可能性がある場合

表記変更を含む新しい関数を利用している場合、Excel 2007で開くと[#NAME?]エラーになります。Excel 2007でも利用することがわかっているシートでは、互換性関数を利用するようにします。

サンプルファイルのダウンロード

本書で紹介している利用例のサンプルファイルは、以下のURLのページからダウンロードすることができます。サンプルは、Excel 2007/2010/2013用です。圧縮ファイルにまとめているので、次の手順でダウンロードしたあと、解凍してから利用してください。

http://gihyo.jp/book/2015/978-4-7741-7272-9/support

ここでは、Windows 8.1の「デスクトップ」で、Internet Explorerを使ってExcel 2007/2010/2013用のファイルをダウンロード、解凍する方法を解説します。

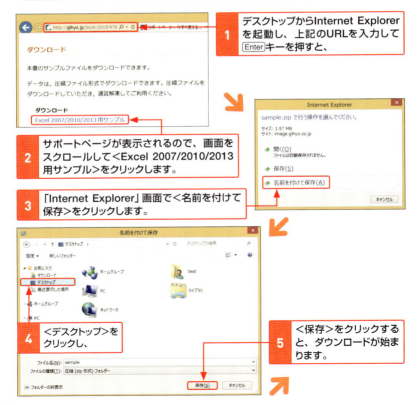

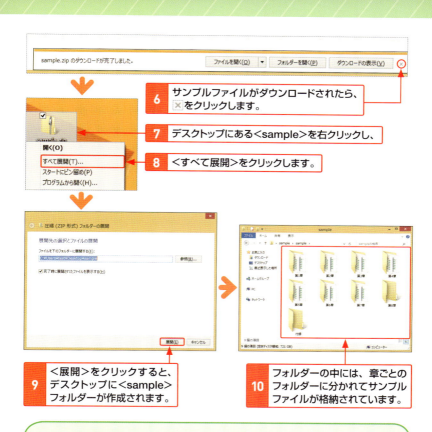

● うまく解凍できないときは
別途解凍ソフトをインストールしている場合は、上の手順通りに解凍できないことがあります。その場合は、インストールしたソフトの方法に従ってファイルを解凍してください。

● サンプルファイルの構成
収録されているサンプルファイルは、本文中の「利用例」などで解説しているExcel文書です。末尾が0のファイルには、「解説」や「エラー例」などのサンプルも含まれています。シートを切り替えて参照してください。

■ お問い合わせの例

FAX

1 お名前
技評 太郎

2 返信先の住所または FAX 番号
03- ××××-××××

3 書名
今すぐ使えるかんたん PLUS⁺
Excel 関数 完全大事典

4 本書の該当ページ
70 ページ

5 ご使用の OS のバージョン
Windows 8.1
Excel 2013

6 ご質問内容
画面の通りの結果にならない

お問い合わせについて

本書に関するご質問については、本書に記載されている内容に関するもののみとさせていただきます。本書の内容と関係のないご質問につきましては、一切お答えできませんので、あらかじめご了承ください。また、電話でのご質問は受け付けておりませんので、必ずFAXか書面にて下記までお送りください。
なお、ご質問の際には、必ず以下の項目を明記していただきますようお願いいたします。

1. お名前
2. 返信先の住所または FAX 番号
3. 書名
  (今すぐ使えるかんたん PLUS⁺
  Excel 関数 完全大事典)
4. 本書の該当ページ
5. ご使用の OS のバージョン
6. ご質問内容

なお、お送りいただいたご質問には、できる限り迅速にお答えできるよう努力いたしておりますが、場合によってはお答えするまでに時間がかかることがあります。また、回答の期日をご指定なさっても、ご希望にお応えできるとは限りません。あらかじめご了承くださいますよう、お願いいたします。ご質問の際に記載いただきました個人情報は、回答後速やかに破棄させていただきます。

問い合わせ先

〒 162-0846
東京都新宿区市谷左内町 21-13
株式会社技術評論社　書籍編集部
「今すぐ使えるかんたん PLUS⁺
Excel関数 完全大事典」質問係
FAX 番号　03-3513-6167

URL：http://book.gihyo.jp

今すぐ使えるかんたん PLUS⁺
Excel 関数 完全大事典

2015 年 5 月 15 日　初版　第 1 刷発行
2017 年 11 月 26 日　初版　第 2 刷発行

著者●日花　弘子
発行者●片岡　巌
発行所●株式会社　技術評論社
　　　東京都新宿区市谷左内町 21-13
　　　電話　03-3513-6150　販売促進部
　　　　　　03-3513-6160　書籍編集部
編集●青木　宏治
カバーデザイン●菊池　祐（ライラック）
本文デザイン●リンクアップ
DTP●技術評論社　制作業務部
製本／印刷●図書印刷株式会社

定価はカバーに表示してあります。

落丁・乱丁がございましたら、弊社販売促進部までお送りください。交換いたします。
本書の一部または全部を著作権法の定める範囲を超え、無断で複写、複製、転載、テープ化、ファイルに落とすことを禁じます。

©2015　日花　弘子

ISBN978-4-7741-7272-9 C3055
Printed in Japan